口腔诊所开业管理丛书

口腔诊所空间设计

SPACE DESIGN OF
DENTAL PRACTICES

第2版

编 著 李 刚

人民卫生出版社

图书在版编目（CIP）数据

口腔诊所空间设计 / 李刚编著 . —2 版 . —北京：
人民卫生出版社，2013.2
（口腔诊所开业管理丛书）
ISBN 978-7-117-16738-3

Ⅰ.①口… Ⅱ.①李… Ⅲ.①口腔科医院 - 空间设计
Ⅳ.①TU246.1

中国版本图书馆 CIP 数据核字（2012）第 302629 号

| 人卫社官网 | www.pmph.com | 出版物查询，在线购书 |
| 人卫医学网 | www.ipmph.com | 医学考试辅导，医学数据库服务，医学教育资源，大众健康资讯 |

口腔诊所空间设计
第 2 版

编　著：李　刚
出版发行：人民卫生出版社（中继线 010-59780011）
地　　址：北京市朝阳区潘家园南里 19 号
邮　　编：100021
E - mail：pmph @ pmph.com
购书热线：010-67605754　010-65264830
　　　　　010-59787586　010-59787592
印　　刷：三河市尚艺印装有限公司
经　　销：新华书店
开　　本：710×1000　1/16　印张：16
字　　数：305 千字
版　　次：2007 年 1 月第 1 版　2020 年 10 月第 2 版第 7 次印刷
标准书号：ISBN 978-7-117-16738-3/R · 16739
定　　价：36.00 元

打击盗版举报电话：010-59787491　E-mail：WQ @ pmph.com
（凡属印装质量问题请与本社销售中心联系退换）

序

——写在《口腔诊所开业管理》丛书再版之际

改革开放 30 多年来,我国的口腔医学事业得到前所未有的大发展。口腔医疗机构和口腔医师队伍迅猛发展。口腔执业医师、助理执业医师的数量已从改革开放前的 5000 多名增加到将近 20 万。每年新增加的口腔医师数量接近 2 万名。民营口腔诊所、门诊部从无到有遍布全国城乡,各级各类口腔医疗机构都有了新的发展与提高。

但是随着中国口腔医学的迅速发展,我们还必须清醒地认识到,在很多方面我们与发达国家甚至一些发展中国家相比较,还存在较大差距。特别是口腔医生的执业服务理念和服务水平还亟待提高。随着我国医疗卫生体制改革的不断深入,各种类型口腔医疗机构的社会需求正在不断加大,民营的和社区口腔诊所经营管理尚存在很多问题。事实上口腔诊所的开业管理对口腔医师来说是一种挑战,国外诸多学者十分重视这一课题的研究探讨。在发达国家的牙医学教育中,口腔诊所开业管理是一门必修课,甚至在日本、加拿大等国的一些大学将口腔诊所开业管理作为一个专业。

十几年前,李刚博士就曾与我谈起对口腔医疗服务管理研究的兴趣和研究计划。他对我国众多的口腔诊所和欧美日口腔诊所的开业管理进行了长期的调查与研究。自 1993 年开始在口腔医学专业大专生、本科生和研究生的课程教学中增加病人管理、医疗安全、职业道德、健康教育、交叉感染、医患关系、诊所管理等相关教学内容,2006 年人民卫生出版社出版了由李刚博士编著的《口腔诊所开业管理》丛书,2008 年中华口腔医学会将李刚博士主讲的《口腔医疗机构管理高级培训》列为继续教育项目,2009 年第四军医大学正式将李刚博士设计的《口腔医疗服务管理学》课程列为 20 课时的口腔医学专业相关选修课教学计划,收到良好效果。

李刚博士的研究工作始终贯穿着一个主题——在科学飞速发展的今天,公共口腔卫生和口腔医疗服务管理如何改革、发展、与时俱进,这对于大众口腔健康是一至关重要的问题。从他的著作中可以清楚地看到,他始终坚持地投入公共口腔卫生和口腔医疗服务管理的研究,无论是成功还是挫折,无论是鼓励还是非议,他从不停下脚步。面对李刚博士的再版新著,更是油然起敬,值得击掌庆贺。

李刚博士编著并再版的《口腔诊所开业管理》丛书,包括了《口腔诊所感染控制》《口腔诊所健康教育》《口腔诊所病人管理》《口腔诊所开业准备》《口腔诊所空间设计》《口腔医疗人力资源》《口腔医疗设备管理》《口腔医疗市场拓展》《口腔医疗安全管理》《口腔医疗质量管理》共 10 册,以新颖的理论、大量的案例、调查报告等,反映了国内外口腔诊所开业管理的先进技术与方法,集中聚焦于模式、方法、工具、案例、问题及解决方案,务求使读者在有限时间里真正读有所获。综观全书的内容我们清晰地看到,一个世纪以来口腔诊所开业管理已经开辟了十分广阔的领域。《口腔诊所开业管理》丛书将把口腔医疗服务与服务管理学结合,使服务管理学的触角深入到口腔医疗服务的各个环节。本丛书打破了很多人认为顺理成章的"经验管理"模式,提供了一系列实用的参考方案或建议,将成为解决执业口腔医生和口腔医疗机构在日常工作中遇到的种种难题的实用工具书。现在,这部《口腔诊所开业管理》丛书的再版是李刚博士多年来勤奋钻研,勇于开拓,深入探讨的结果,也得益于我国口腔医疗服务体制多元化发展的生态环境。

我相信《口腔诊所开业管理》丛书的再版,对中国口腔医生执业服务和口腔医疗机构管理水平的提高不无裨益。最后,我衷心地希望读者会喜欢这套丛书,并在阅读后有所收获。

中华口腔医学会会长

2012 年 9 月 20 日

前　言

　　口腔诊所作为特殊的公共场所,其室内设计和装修的要求非同其他建筑,口腔诊所装修设计规范性需要装饰企业严格按照要求设计,口腔诊所装修材料也有别于普通装修材料。对于任何一个口腔医师而言,口腔诊所空间设计是开业实践中非常有意义的一步。无论是在旧口腔诊所上重新改造,还是建立一个崭新的口腔诊所,科学合理的装饰设计和室内布局,创造一个高效、舒适、安静和医患友好交流的环境是十分必要的,这将有助于口腔诊所的健康发展。对于那些敢于在口腔诊所空间设计上投入心血的口腔医师,都拥有一定的实力,并对自身口腔诊所的发展有着远大的理想。同时考虑到口腔医疗工作的人性因素,过度渲染空间设计是消极的,最重要的是要给患者一个干净舒适的空间,从而表现出对他们的关爱。医疗空间对医生、患者的影响以及辅助设施对诊疗水平所起的作用已越来越重要,而且它还直接影响到医疗机构在公众心目中的地位,因此也已开始引起医疗机构的重视。

　　随着我国经济文化的发展,对口腔诊所的空间设计也提出了更新更高的要求。21世纪呼唤着艺术与口腔科学的整合,艺术与口腔科学的互融、互动、互补将使口腔诊所装饰设计和室内布局的发展更具人性化,这不仅为新世纪人类生存质量的提升和文化艺术的提高注入新的活力,也一定会为口腔医疗服务增添更加绚丽的色彩。口腔诊所的空间设计,不但要有美学和建筑的素养,更需要对口腔医疗专业有一定的了解,方能以功能来划分各种区位;同时对动线研究、感染控制,甚至于临床医疗等各方面,均要有深入的研究与经验,才能设计出既切合实际需要又赏心悦目的口腔诊所空间。现代的口腔诊所已经成为一个高技术含量并且装饰讲究的环境。

　　实际上理想的口腔诊所的空间设计是相对的,因为任何一个口腔诊所的空间设计都要受到环境条件、地域环境、诊所位置、诊疗方针、诊室规模、资金能力、以及医师技术、经验、体力、兴趣爱好、习惯、性格等影响。口腔诊所空间设计是一项专业性很强的工作,除了基本的设计可以自己进行外,最好是委托专业的空间设计公司进行。

长期以来我们将口腔医疗服务管理作为研究内容,对国内外众多的口腔诊所进行了调查与研究,累积了数以百计的口腔诊所空间设计成功案例。本书分为口腔诊所场所计划、口腔诊所建筑设计、口腔诊所设计原则、口腔诊所室内装潢、口腔诊所功能设计、口腔诊所动线规划、口腔医疗单元设计、X线摄影室设计、技工室设计、消毒室设计、设计评价和布局感觉、适用法规和技术标准等共十二章。有小型口腔诊所空间设计案例、大型口腔诊所空间设计案例、口腔门诊部空间设计案例、口腔医院空间设计案例、建筑装饰装修工程质量验收规范等五个附录。他山之石,可以攻玉。本书中共有100多个空间设计案例,涵盖了当今世界上时尚的口腔诊所空间设计,本书以口腔科学与艺术的双重标准,向读者展示了目前国内外口腔诊所装饰设计和室内布局的设计精品。内容系统、全面、规范、实用、可操作性强,对口腔诊所空间设计具有指导作用。

希望我国口腔执业医师能以科学理性的态度对待口腔诊所的空间设计。良好的空间设计不仅代表了口腔诊所的最新潮流,同时它还反映了业主的个性和品位。

本书在编写和相关研究过程中,得到了第四军医大学口腔医学院和西安爱牙管理咨询有限公司的大力支持和帮助,以及我国各地口腔医院、口腔门诊部、口腔诊所的大力合作和支持。借此出版机会,特此表示敬意和感谢。

李 刚

2012 年 9 月 10 日

作者联系方式:

单位:第四军医大学口腔医学院口腔预防医学教研室
地址:中国 西安 长乐西路 145 号　邮编:710032
电话:029-84772650(办公室)　E-mail: chinaligang@21cn.com
欢迎来函来电咨询和提出宝贵修改意见

目 录

CONTENTS

第 一 章

口腔诊所场所计划

口腔诊所的开业首先就是要确定获得开业场所的方式。口腔诊所场所计划是依据市场调查、市场分析及市场定位的综合分析结果,为求经营效果的实现,所实施的口腔诊所场所建设作业,其中包括口腔诊所场所主体的建设计划及相关设施建设计划。

第一节 口腔诊所场所类型

建筑是人类改造自然的实践活动发展到一定程度之后才出现的,其主要功能也从被动地避免自然界对人类可能造成的伤害,发展到为人类各种生产、生活和科研过程提供满足要求的室内环境。因此,围绕各种过程的不同特点和要求,建筑设计、功能及其内部环境也有所区别,即建筑可以被分为很多种类。目前我国通行的建筑分类方法有两种:一种是按照建筑的使用功能进行划分,分为工业建筑和民用建筑;另一种是按照建筑的层数(高度)进行划分,分为多层建筑、高层建筑等。其中民用建筑按用途分为居住建筑和公关建筑。居住建筑分为城镇住宅、公寓及宿舍、别墅、农村住宅。住宅楼有单元式高层、通廊式高层、跃层、塔式高层、单元式高层等住宅。公关建筑分为办公建筑、教育建筑、科研试验建筑、纪念建筑、医疗建筑、商业建筑、金融保险建筑、交通建筑、邮电通信建筑、其他建筑等。

一、独立建筑

在小城市和乡镇拥有自己的房基土地或购买租赁土地,建立自己独立的口腔诊所应该是最好的选择。每张口腔科综合治疗椅建筑面积不少于 40m²,如图 1-1、图 1-2、图 1-3 所示。

图 1-1　独立建筑口腔诊所(来源:西川齿科诊疗所)

图 1-2　独立建筑口腔诊所(来源:General Dentistry(Dr. Hisel)of Boise,Idaho)　　图 1-3　独立建筑口腔诊所(来源:Adams Family Dentistry)

　　医疗建筑是一种对功能要求相对较高、各种流线复杂的建筑类型,近几十年来各种新的医疗设备、医疗技术、信息技术的大量出现,导致医疗空间发生了新的变化,其使用质量大为提高,建筑外形也具有了更多的变化性。现代化医疗建筑空间强调建筑的灵活性、低消耗,多以钢材、铝板等金属材料制品以及木材、玻璃作为主要建筑材料。

二、部分建筑

　　生活在大中城市,根据我国实际情况则只能选择租用或购买公用建筑和公寓的一部分开设口腔诊所(图 1-4 和图 1-5)。例如:2003 年刚开业不久的杭州皓欣齿科,虽然齿科的规模不大,只有 5 张诊疗椅,但为了给病人一个清静的就医环境,特地选了跃层式的诊室,这样候诊的病人在一楼、就诊的病人在二楼,可以互不干扰。

　　从商业投资的角度,公寓通常是指拥有五个或五个以上出租单位的楼宇。

图 1-4　部分建筑口腔诊所(来源:西安章哲齿科)

图 1-5　部分建筑口腔诊所(来源:韩国 U&I 口腔诊所)

这些楼宇大致可分为小型公寓、花园公寓和高层公寓。

1. **小型公寓**　特点是楼宇内有若干个居住单位,业主可自己占用一个,其余予以出租。其优点是:①投资额不大,风险较小;②比较容易支付银行贷款;③容易管理和维修。缺点是:①为减少开销,不可能雇用他人管理,要事必躬亲;②必须自己亲自收房租和修理设备,当房子出现空当时,还得登报找人,亲自出面面谈。诸如此类,如果不是没工作或已退休,做起来会十分费心。

2. **花园公寓**　通常是一组或几组 1~3 层楼建筑,每栋建筑从外观看像一排排连栋房屋,每个建筑中多至 12 个居住单位,建筑之间,有专人打理的树木花草。花园公寓的优点是:①由于占据大片土地,随着人口增长,土地变得越来越稀少,因此土地增值可带来丰厚利润,这是一般公寓所无法相比的;②便于集中管理。缺点是:①投资额较大,买家须有雄厚资本,为一般小型投资者所望洋兴叹;②必须雇用专业管理人员进行集中管理,增加了投资成本;③增加了保险成本,因为花园公寓是在大片土地上盖许多小型建筑,相对也增加了火灾等自然灾害的几率,所以保险费较高;④受地方经济环境及出租法律的制约;⑤专业知识要求更严,一般人较难进行投资开发。

3. **高层公寓**　也可以说是电梯公寓。它通常建于土地奇缺又昂贵的地区,所以每个居住单位的平均成本甚高。优点是:①所有东西集中于一个大楼内,如统一的电力供应系统和设备,这样便于维护、维修和管理;②正因为如此,它每个居住单位的操作成本相对降低;③作为一项长期投资,它拥有非常高的增值率;④相对容易获得银行贷款。缺点是:①投资额巨大,不适应小型投资者;②在某些地区,例如上海市,此类公寓有租金管理或其他保护租客的规定,不利房东。

具体选择哪种类型的公寓,完全要根据投资者自身的条件(如资金、专业知识等)和需要决定,缜密的研究外加胆识和运气,我们就可以找到适合自己的口腔诊所式的公寓。

第二节　口腔诊所用地建筑

采用用地建筑的第一阶段就是用地计划的实施。在进行用地计划时,一般可分成三个步骤,即用地选定、用地确保与用地筹备,说明分别如下:

一、用地选定

对于口腔诊所适当地点的选定,可依下列几项因素进行:

1. 能够大量吸引病人就诊的位置。

2. 拥有可供开业的相对面积,尤其是大型口腔诊所,更要考虑其可能的规模,以供建筑之用。

3. 适合于建筑上有关的各项法令。

4. 用地取得所需的费用,在经营上能够负担者。

5. 对于用地的取得不易发生困扰的因素。

6. 应避免有水灾害出现可能的地段,同时该地区的下水道等排水设施应完善。

在用地选定之际,往往难以完全找到充分满足的条件,因此在地点选定时,有考虑其他候补地点的必要,至于适合条件的判断基准,可依服务市场调查结果,作为用地考虑的判断之用。

二、用地确保

有关适合的地点选定之后,接着则需展开用地确保的活动,其可能的情况有:

1. 用地的购得(即土地所有权的转移)。

2. 使用权或土地租赁权的设定。

3. 建筑物租赁权的确保。

4. 选择地段时还应确认地段的界线,是否为道路界线内,与其他相邻建筑物有无界线纠纷等。

当然其间必须经过交涉、契约设定、登记等各项程序,同时还需要依赖律师、不动产鉴定人员、文书等有关人员进行各类手续的办理。

三、用地筹备

在用地确保达成之后,接着便是用地筹备,其过程为开发行为的申请与实施、地质的调查,既存建筑物的拆除等项,而筹备的内容与开业作业有关系的,包括道路设施、电气、天然气、自来水管道等公共设施,以及建造时各项危险的避免措施,若影响到附近用地时,必须取得权利者的同意等项,均为用地筹备时必须的注意事项。

第三节 口腔诊所购房计划

资金足够的话,口腔诊所的房屋产业权最好是属于口腔诊所业主。因为如果是向别人租赁的话,到了租约期满(一般是3年或5年),房屋的业主要是知道口腔诊所生意好病人多,在重新订立租约时会要求增加租金。有时所要求的租金并非是一个口腔诊所能够负担得起的。也有些情况是口腔诊所的生意一般,但是因为所在地区的商业比以前繁荣了,周围店铺的租金都提高了,业主自然要求提高租金,这时口腔诊所将会进退两难。要是继续租用,利润将会减少或难以负担。如果搬迁的话,除了流失病人之外,原来口腔诊所的里外装修便会化为乌有。自己购房使用的感觉不一样,内心非常踏实和稳定,装修也容易到位。

购房要按照我国《城市私有房屋管理条例》办理手续,从地段、区位、户型、性价比等方面决策购房。一般在购房者购房后,由买卖双方或售房单位代理到住房所在地的房产和土地管理部门办理过户与产权转移登记手续。由于我国当前的大中城市房屋贷款按揭月付款已经少于或等于相同面积的房屋月租金,在这种情况下,购买口腔诊所的房产明显会有更高的收益。但同时也要考虑到,贷款购买需要交纳约不少于房屋总价20%的首付款。

虽然,目前我国的房地产仍处于快速发展的阶段,而从长远来看,房价的总体趋势看涨是件顺理成章的事情。这两年有关房地产调控的争论一直就没有消停,而房地产价格也依然故我地持续稳定地上涨着。在上海静安、黄埔、卢湾等中心城区价格涨幅普遍被认为超过百分之百,翻几番的案例并不鲜见,每平方米单价超过二万元的比比皆是。但无论如何,土地的稀缺性并不能保证房价会无限期地攀升,一定时期内人们的需求总要受到自己的支付能力的限制,而谁也不敢保证自己的收入就一定会一路上升,特别是宏观形势的变化更会极大地改变人们的预期。因此,购房要看准最佳时机。

在决定口腔诊所购房计划后就应该开始关注当地房产市场行情,了解其销售状况及价格趋势;另外对当前房产相关政策的了解也相当重要,避免因对政策的不了解而上当受骗。购房能力的评估也是买房前必须提前考虑的,只有做好充足的资金准备才能避免买房后由于经济压力过大而引发的烦恼。寻找房源看上去是件简单的事情,但确保房源的真实安全却是二手房交易中相当重要的一环,在通过各种途径获得房源的过程中,都有可能存在风险,损害消费者的利益和权益。因此消费者在查找房源的过程中,应该保持清醒的头脑,具备强烈的防范意识;同时,也不要因为贪图一时的省钱而致使全盘损失惨重,而应将维权意识落实到每一环和每一个细节(图1-6)。

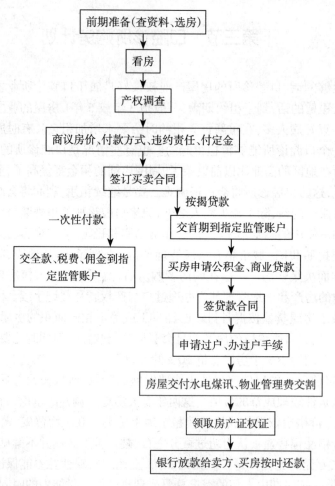

图1-6 购房流程表

购房合同是根据《中华人民共和国合同法》、《中华人民共和国城市房地产管理法》及其他有关法律、法规的规定,买受人和房地产开发企业,在平等、自愿、协商一致的基础上就买卖商品房达成的协议。买受人应当仔细阅读本合同内容,对合同条款及专业用词理解不一致的,可向当地房地产开发主管部门咨询,如无异议视为双方同意内容。在签订合同前,出卖人应当向买受人出示应当由出卖人提供的有关证书、证明文件。合同条款应该严格遵守《中华人民共和国合同法》、《中华人民共和国城市房地产管理法》及其他有关法律、法规之规定,并由中华人民共和国建设部和国家工商行政管理局负责解释。

第四节 口腔诊所租房计划

租房要按照我国各地房屋租赁管理办法办理手续,例如:北京市政府法制办正在进行《北京市房屋租赁管理办法(草案)》行政立法。建筑物的位置容易寻找吗? 建筑物外观是否能够传递专业的形象,业主的声誉是否良好,建筑物有没有好的管理,有没有和现有的承租人交谈过,看看他们是否有任何不满,地点是否能真正满足开业需要,走廊和楼梯够宽吗? 天花板和地面容许安装管道和电路吗? 地板质量是否良好,办公过后还有冷暖气供应吗? 电梯是否足够,墙壁能不能隔音等都是租房时应考虑的问题。

决定在适当地点开业后,要审慎地签订房屋租赁协议。现列举要点如下:

1. 事先向介绍人打听清楚租借协议的详细内容。

2. 有关协议书的内容,应和住屋所有人(转借后的业主)共同鉴定,这主要是针对内容虚实而言。这种涉及法律的专门问题最好请教律师,或向熟悉不动产的第三者请教。

3. 协议书上未言明的事项,一旦发生纠漏,经双方协商后,应补充列入协议书,或在第三者证明下,立下备忘录以备查考。屋主欲加以验证时,到房产部门查阅登记簿,或取得土地所有权证明,或在街坊邻居间做调查。

4. 要问清楚协议书的有效期,以及更换契约书的条件。通常房屋契约的有效期为三年,对于更换新契约的条件也是一大问题。一般屋主若没有提出终止协议的要求,可以继续租用,但必须更换协议。有时在协议换新时,附加为数不少的更新费用,或者因此抬高租金的情形也有。种种有关事项在签订协议时都要一一查明,以免日后纠缠不清。

5. 各项保证金、押金的内容要确定,有些可在协议解除时收回,有些可抵作部分月份的费用,对于有无出租权也有待查清。此外,预付屋主的押金,或是缴纳给屋主的租金、手续费,都要事先慎加考虑,以免留下后患。

租赁契约时间多长,有没有改建的必要,如果需要改建,又会允许进行什么程度的改建,改建成本需要多少,改建的方案是什么,房间的大小是否足够安装所需设备,租金是否包括电力、冷热水、空调、供暖和房间清扫服务,电话线路是否通畅,电力负载是否足够匹配口腔医疗设备,供水是否充足,管道如何铺设等,都是要思考和搞清楚的问题。"二次改建"对于许多人来讲是件比较头痛、麻烦的事,因为它涉及的问题比新房要多,改动起来就要脱胎换骨,尤其重要的是隐蔽工程和墙体改动后的处理,但是,只要在设计时考虑全面、合理,就能够成功地旧貌换新颜。设计师认为,此类房子装修的关键点在于,水路改造、电路改造、墙体改造、防水工程。同时,还要注意空间设计的合理性、有效性以及色彩搭配等。

房屋租赁合同(housing leasing contracts)是指房屋出租人将房屋提供给承租人使用,承租人定期给付约定租金,并于合同终止时将房屋完好地归还出租人的协议。房屋租赁合同内容主要包括房屋地址、居室间数、使用面积、房屋家具电器、层次布局、装饰设施、月租金额、租金缴纳日期和方法、租赁双方的权利义务、租约等。

租赁合同应具备以下主要条款:①当事人的姓名或名称及地址;②房屋的位置、面积、装饰及设施;③房屋用途;④租赁期限;⑤租金数额及交付方式;⑥房屋维修责任;⑦装修的约定;⑧转租的约定;⑨解除合同的条件;⑩违约责任;以及当事人约定的其他条款。

【案例】 **房屋租赁示范合同**

[来源:中国消费者协会委托北京汇佳律师事务所拟定]

本合同当事人

出租方(以下简称甲方):

承租方(以下简称乙方):

根据《中华人民共和国合同法》及相关法律法规的规定,甲、乙双方在平等、自愿的基础上,就甲方将房屋出租给乙方使用,乙方承租甲方房屋事宜,为明确双方权利义务,经协商一致,订立本合同。

第一条 甲方保证所出租的房屋符合国家对租赁房屋的有关规定。

第二条 房屋的坐落、面积、装修、设施情况

1. 甲方出租给乙方的房屋位于(省、市)_____(区、县)_____;门牌号为_____。

2. 出租房屋面积共_____平方米(建筑面积 / 使用面积 / 套内面积)。

3. 该房屋现有装修及设施、设备情况详见合同附件。

该附件作为甲方按照本合同约定交付乙方使用和乙方在本合同租赁期满交还该房屋时的验收依据。

第三条 甲方应提供房产证(或具有出租权的有效证明)、身份证明(营业执照)等文件,乙方应提供身份证明文件。双方验证后可复印对方文件备存。所有复印件仅供本次租赁使用。

第四条 租赁期限、用途

1. 该房屋租赁期共____个月。自____年____月____日起至____年____月____日止。

2. 乙方向甲方承诺,租赁该房屋仅作为_____使用。

3. 租赁期满,甲方有权收回出租房屋,乙方应如期交还。

乙方如要求续租,则必须在租赁期满个月之前书面通知甲方,经甲方同意后,重新签订租赁合同。

第五条 租金及支付方式

1. 该房屋每月租金为_____元(大写_____万_____仟_____佰_____拾

元整)。

　　租金总额为_____元(大写____万____仟____佰____拾____元整)。

　　2. 房屋租金支付方式如下:_____。

　　甲方收款后应提供给乙方有效的收款凭证。

　　第六条　租赁期间相关费用及税金

　　1. 甲方应承担的费用:

　　(1) 租赁期间,房屋和土地的产权税由甲方依法交纳。如果发生政府有关部门征收本合同中未列出项目但与该房屋有关的费用,应由甲方负担。

　　(2) _____。

　　2. 乙方交纳以下费用:

　　(1) _____。

　　(2) _____。

　　乙方应按时交纳自行负担的费用。

　　甲方不得擅自增加本合同未明确由乙方交纳的费用。

　　第七条　房屋修缮与使用

　　1. 在租赁期内,甲方应保证出租房的使用安全。该房屋及所属设施的维修责任除双方在本合同及补充条款中约定外,均由甲方负责(乙方使用不当除外)。

　　甲方提出进行维修须提前　日书面通知乙方,乙方应积极协助配合。

　　乙方向甲方提出维修请求后,甲方应及时提供维修服务。

　　对乙方的装修装饰部分甲方不负有修缮的义务。

　　2. 乙方应合理使用其所承租的房屋及其附属设施。如因使用不当造成房屋及设施损坏的,乙方应立即负责修复或经济赔偿。

　　乙方如改变房屋的内部结构、装修或设置对房屋结构有影响的设备,设计规模、范围、工艺、用料等方案均须事先征得甲方的书面同意后方可施工。租赁期满或因乙方责任导致退租的,除双方另有约定外,甲方有权选择以下权利中的一种:

　　(1) 依附于房屋的装修归甲方所有。

　　(2) 要求乙方恢复原状。

　　(3) 向乙方收取恢复工程实际发生的费用。

　　第八条　房屋的转让与转租

　　1. 租赁期间,甲方有权依照法定程序转让该出租的房屋,转让后,本合同对新的房屋所有人和乙方继续有效。

　　2. 未经甲方同意,乙方不得转租、转借承租房屋。

　　3. 甲方出售房屋,须在____个月前书面通知乙方,在同等条件下,乙方有优先购买权。

　　第九条　合同的变更、解除与终止

　　1. 双方可以协商变更或终止本合同。

　　2. 甲方有以下行为之一的,乙方有权解除合同:

　　(1) 不能提供房屋或所提供房屋不符合约定条件,严重影响居住。

　　(2) 甲方未尽房屋修缮义务,严重影响居住的。

　　3. 房屋租赁期间,乙方有下列行为之一的,甲方有权解除合同,收回出租房屋;

　　(1) 未经甲方书面同意,转租、转借承租房屋。

　　(2) 未经甲方书面同意,拆改变动房屋结构。

　　(3) 损坏承租房屋,在甲方提出的合理期限内仍未修复的。

　　(4) 未经甲方书面同意,改变本合同约定的房屋租赁用途。

　　(5) 利用承租房屋存放危险物品或进行违法活动。

　　(6) 逾期未交纳按约定应当由乙方交纳的各项费用,已经给甲方造成严重损害的。

　　(7) 拖欠房租累计＿＿个月以上。

　　4. 租赁期满前,乙方要继续租赁的,应当在租赁期满＿＿个月前书面通知甲方。如甲方在租期届满后仍要对外出租的,在同等条件下,乙方享有优先承租权。

　　5. 租赁期满合同自然终止。

　　6. 因不可抗力因素导致合同无法履行的,合同终止。

　　第十条　房屋交付及收回的验收

　　1. 甲方应保证租赁房屋本身及附属设施、设备处于能够正常使用状态。

　　2. 验收时双方共同参与,如对装修、器物等硬件设施、设备有异议应当场提出。当场难以检测判断的,应于＿＿日内向对方主张。

　　3. 乙方应于房屋租赁期满后,将承租房屋及附属设施、设备交还甲方。

　　4. 乙方交还甲方房屋应当保持房屋及设施、设备的完好状态,不得留存物品或影响房屋的正常使用。对未经同意留存的物品,甲方有权处置。

　　第十一条　甲方违约责任处理规定

　　1. 甲方因不能提供本合同约定的房屋而解除合同的,应支付乙方本合同租金总额＿＿%的违约金。甲方除应按约定支付违约金外,还应对超出违约金以外的损失进行赔偿。

　　2. 如乙方要求甲方继续履行合同的,甲方每逾期交房一日,则每日应向乙方支付日租金＿＿倍的滞纳金。甲方还应承担因逾期交付给乙方造成的损失。

　　3. 由于甲方怠于履行维修义务或情况紧急,乙方组织维修的,甲方应支付乙方费用或折抵租金,但乙方应提供有效凭证。

　　4. 甲方违反本合同约定,提前收回房屋的,应按照合同总租金的＿＿%向乙方支付违约金,若支付的违约金不足弥补乙方损失的,甲方还应该承担赔偿责任。

　　5. 甲方因房屋权属瑕疵或非法出租房屋而导致本合同无效时,甲方应赔偿乙方损失。

　　第十二条　乙方违约责任

　　1. 租赁期间,乙方有下列行为之一的,甲方有权终止合同,收回该房屋,乙方应按照合同总租金的＿＿%向甲方支付违约金。若支付的违约金不足弥补甲方损失的,乙方还应负责赔偿直至达到弥补全部损失为止。

　　(1) 未经甲方书面同意,将房屋转租、转借给他人使用的;

　　(2) 未经甲方书面同意,拆改变动房屋结构或损坏房屋;

　　(3) 改变本合同规定的租赁用途或利用该房屋进行违法活动的;

　　(4) 拖欠房租累计＿＿个月以上的。

　　2. 在租赁期内,乙方逾期交纳本合同约定应由乙方负担的费用的,每逾期一天,则应按上述费用总额的＿＿%支付甲方滞纳金。

　　3. 在租赁期内,乙方未经甲方同意,中途擅自退租的,乙方应该按合同总租金＿＿%的额度向甲方支付违约金。若支付的违约金不足弥补甲方损失的,乙方还应承担赔偿责任。

　　4. 乙方如逾期支付租金,每逾期一日,则乙方须按日租金的＿＿倍支付滞纳金。

5. 租赁期满,乙方应如期交还该房屋。乙方逾期归还,则每逾期一日应向甲方支付原日租金____倍的滞纳金。乙方还应承担因逾期归还给甲方造成的损失。

第十三条 免责条件

1. 因不可抗力原因致使本合同不能继续履行或造成的损失,甲、乙双方互不承担责任。

2. 因国家政策需要拆除或改造已租赁的房屋,使甲、乙双方造成损失的,互不承担责任。

3. 因上述原因而终止合同的,租金按照实际使用时间计算,不足整月的按天数计算,多退少补。

4. 不可抗力系指"不能预见、不能避免并不能克服的客观情况"。

第十四条 本合同未尽事宜,经甲、乙双方协商一致,可订立补充条款。补充条款及附件均为本合同组成部分,与本合同具有同等法律效力。

第十五条 争议解决

本合同项下发生的争议,由双方当事人协商或申请调解;协商或调解解决不成的,按下列第_____种方式解决(以下两种方式只能选择一种):

1. 提请 仲裁委员会仲裁。

2. 依法向有管辖权的人民法院提起诉讼。

第十六条 其他约定事项

1. _____。

2. _____。

第十七条 本合同自双方签(章)后生效。

第十八条 本合同及附件一式份,由甲、乙双方各执份。具有同等法律效力。

甲方: 乙方:

身份证号(或营业执照号):   身份证号:

电话: 电话:

传真: 传真:

地址: 地址:

邮政编码: 邮政编码:

房产证号:

房地产经纪机构资质证书号码:

签约代表:

签约日期: 年 月 日   签约日期: 年 月 日

签约地点: 签约地点:

设施、设备清单

本《设施清单》为(甲方)同(乙方)所签订的编号为__房屋租赁合同的附件。

甲方向乙方提供以下设施、设备:

一、燃气管道[ ]煤气罐[ ]

二、暖气管道[ ]

三、热水管道[ ]

四、燃气热水器[ ]型号:

电热水器[ ]型号:

五、空调[ ]

型号及数量：

六、家具[ ]

型号及数量：

七、电器[ ]

型号及数量：

八、水表现数：   电表现数：   燃气表现数：

九、装修状况：

十、其他设施、设备：

甲方：   乙方：

签约日期：   年   月   日

签约地点：

使用说明：

1.《房屋租赁合同》、《房屋承租居间合同》推荐文本为中国消费者协会委托北京汇佳律师事务所拟定，为建议使用。

2. 凡承诺使用《房屋租赁合同》、《房屋承租居间合同》推荐文本的经营者，有义务应消费者的要求使用。

3. 选择"争议解决"方式中提请仲裁方式时，应填写所选择仲裁机构的法定名称。

4.《房屋租赁合同》、《房屋承租居间合同》推荐文本中相关条款，在符合国家法律规定的前提下，考虑消费者与经营者双方的合法权益，结合实际需要可能做出修改。届时，请选用新的版本。

第 二 章

口腔诊所建筑设计

人们通常所说的建筑环境大致可以分为两个内容：一是建筑物内部环境，即建筑的室内环境；另一个是建筑物外部环境，即建筑的室外环境。建筑的室内环境和室外环境实际上是一个不可分割、互相影响的整体。建筑的室外环境通过建筑围护结构直接影响着室内环境，同时建筑室内环境也将通过建筑围护结构和其他系统、设备对室外环境造成影响。口腔诊所建设设计也可分成外部设计和功能设计等。

第一节　外部环境设计

建筑物外部环境形象是大众对口腔诊所建筑形态与功能的一种评价。口腔诊所建筑形象是口腔诊所的"外在"形象。口腔诊所的外观设计是否"新颖"，或者是否具有现代气息，直接影响公众对口腔诊所的兴趣。当然，口腔诊所建筑不仅仅只为了引起公众的兴趣，还要注意口腔诊所建筑的功能及卫生学方面的合理性，只有既美观又科学的口腔诊所建筑形象才是美好的建筑形象。

公共区域和设施都保养得很好的建筑反映了良好的管理。有关口腔诊所建筑设计的重点，大致可以分成以下五个方面：

一、建筑配置及面积

对建筑法规规定事项，如容积率、高度限制等以及周围环境状况的考虑，需配合建筑施工上的安全问题以及施工障碍的克服等重点。在整个建筑面积的运用上，对于营业面积及后勤诸项设施的空间与配置，乃至于将来扩建的可能情况等等,均必须配合资金状况、管理体制而作整体性的规划。

二、建筑平面设计

这是决定口腔诊所经营效率的重要因素,对于出入口的位置及动线的处理,关系到整个口腔诊所人员的流量,诸如病人出入口、员工出入口动线等,都必须考虑到在营业面积的有效运用下作详细的规划。

三、建筑物朝向

东南方向的住房日照及通风条件都较好,反之,西北向的房子则是西晒寒风,应尽量避免选择。形状方面以东西向长的矩形为好,这样南面的空间较大,日照通风较好。如果在南面还有道路的话,南面的空间会更大。反之,北面有道路时,则相邻的南面建筑会影响诊所的日照。如果道路是在东西两面则选择正方形的房屋较好。但是位于道路中央的三角形的地段的房屋由于条件等较差,最好不选用。诊所适当的日照和采光是必要的。采光不好,不仅容易造成视力的障碍,而且还会额外的增加电费开销。

四、建筑物外装

为求整栋建筑物能具有吸引力而加深病人对口腔诊所的印象,对于建筑物的外观设计以及使用的建材都要予以考虑,即要塑造一个观念,建筑物并不单单仅有容纳口腔医疗的功能,更具有促进整个口腔诊所销售的功能(图 2-1)。

图 2-1　阿联酋迪拜牙科诊所

五、建筑物高度

根据相邻建筑物的高度,后修建的建筑物有所限制。不同地段,根据城市规划,不同区域有不同的功能用途定位,而不同功能定位的区域就有不同建筑率、容积率等方面的要求。

如果是租借其他人的房屋来开业,除了要考虑上述的几个方面以外,还应考虑房东的特殊要求,如上下水道的改建要求、房间的装修要求等。

第二节　室内设施设计

室内(interior)是指建筑物的内部,即建筑物的内部空间。室内设计

(interior design)就是反映对建筑物的内部空间进行设计。室内设计作为独立的综合性学科,于20世纪60年代初形成,在世界范围内开始再现室内设计概念。自古以来,室内设计从属于建筑设计,为建筑师主持,没有得到应有的重视。人们对室内设计也看得很简单,没有认识到它是空间艺术、环境艺术的综合反映。17世纪,因室内设计与建筑主体分离,室内装饰风格、样式逐渐发展变化。19世纪以后,室内设计开始强调功能性、追求造型单纯化,并考虑经济、实用、耐久。20世纪初室内装饰反而趋向衰落,强调使用功能以合理的形态表现。

人们对室内环境的认识随着生产、生活水平的不断提高,大致可以划分为四个阶段:第一阶段控制的要求是夏季不热、冬季不冷;第二阶段的要求是室内空气各参数的组合结果能使人感觉舒适;第三阶段则要求室内空气的品质要好,保证室内人员的健康;第四阶段则在前面的基础上,要求为室内人员提供一个舒适、健康、高效、节能、愉快的室内环境。

建筑室内设施对于病人和员工都具有相当的重要性:对病人而言,要提供给他们一个舒适且愉快的口腔医疗环境;对员工而言,要提供给他们一个能够提高工作效率及安全感的工作环境。因此,设施设计必须包括:①电力系统;②照明设备;③水源系统;④消防设备;⑤隔音控制;⑥调温系统等项。口腔诊所不同的空间区域,有其不同的角色与功能,而不同的系统,亦有其特殊的任务功能以及相辅相成之处。如何协调各系统,使其和谐、有效率地运作,是整个功能系统规划的重点。这里的线路包括水路、电路、气路,主要是要考虑增容、维修、改路的问题。

一、电力系统

口腔诊所内诊疗椅(dental unit)、电灯、X光机、电脑,冷气机、音响、抽水马达等,无一不需要电力系统的配合。否则即使拥有最先进的医疗设备和最好的医护人员,也无法成为高效率、高品质的口腔诊所。所以为了避免"医疗暂停",也为了保障病人的医疗安全及质量,装设紧急供电系统,如自备发电机是有必要的。电脑亦可装置不断电系统(uninterrupted power system,UPS),以保障电脑内部储存的数据不被消除掉。

二、照明系统

口腔诊所作为医疗场所对照明条件有较严格的要求,总体上要求既明亮又不耀眼。光线的设计可以提高诊室的照明度,在视觉上可以提高墙面、橱柜颜色的亮度,显得更加卫生。灯光的布置可以转移病人的注意力,和墙面装饰结合起来,可以显示诊室主题。

口腔诊所医疗区因常常需要进行瓷牙的比色工作,所以诊疗区的光源采用太阳灯管较日光灯管为佳。诊疗区是照明的主要区域,按国外标准光源亮度要在 500Ix 左右。要妥善地处理好主光源与辅光源之间的移行过渡,不要使两者差别太大,否则会让人感觉不舒适。巧妙地引入自然光源,这是一些如烤瓷修复等治疗的需要,也可使病人在心理上感到自然放松。有报道表明,口腔治疗椅上的专用工作照明灯,易引起病人的牙科恐惧症,因此,国外有的诊所将其隐蔽起来,只有使用时才拉出,用完后即收起。照明还是很好的装饰手段,需要什么来引人注目,就可用灯光加以点缀烘托。

口腔诊所内的行政区、卫教区、研究区等需要较明亮的光线区,以装设主灯(即太阳灯或日光灯等冷系光线)为宜,再辅以副灯(即嵌灯、鱼眼灯等暖系列光线)。一般来说,需要较冷静思考的理性空间,以冷系列光线为宜,需要较人性化、较温馨的感性空间,则以暖系列光线为佳。二者可互相搭配、组合,以满足不同时间、场合及用途的不同需求。诊疗期间应注意避免日光直射到病人。在墙面造型及天花板上根据材料及造型的不同,充分利用光影效果,来分隔丰富界面,创造一个有别于传统口腔诊所的就医环境。

口腔诊所的灯光入夜也能够吸引病人,起到意想不到的广告效应。诊所内可放上葱绿的盆栽植物,墙壁挂上漂亮的画框,再放置上生动的雕塑,配以柔和的灯光,装饰树上还可以放上闪烁的挂灯。这样的布置,会给人留下深刻的印象,难以忘怀。同时也应该注意在更换某些装饰的时候,需要考虑到整体的色调。例如:晚间在儿童诊室内的牙椅边放个玩具熊,再加上闪烁的小灯泡,吸引了过路的小病人,这个玩具熊成了病人的介绍人。

口腔诊所的灯光是非常重要的,因为口腔诊所灯光效果可能减少病人对诊疗的负担感和抗拒感,但也可能增加这种压力,所以,应利用与一般建筑的自然采光意义不同的人工采光,可以创造内部空间的感知,也因为这个因素,设计上应使用间接采光而非直接采光,利用间接采光的方法,在等候室及诊疗室内天花板和墙壁间塑造出 30cm 的距离,然后在墙壁上装上灯具,光线就会透过天花板沿墙面投射到地板上。

窗户能够提供给病人户外焦点,有助于制造无拘束感。口腔诊所的设计应在治疗区将窗户做最大利用。窗户不应浪费在职员室、私人办公室或病人教育咨询室内,除非所有的治疗室都已预先装上窗户。

设计候诊区的灯光有两个功能,实用性的和装饰性。实用性表现在可以阅读报纸、看电视、玩电脑等,为它们提供恰当的,合理的照明条件和设备。装饰性表现在:将灯光放在低处能表现沉稳,要打造 PATY 的华丽感,可选择从高处投射而下的炫丽灯,要表现工艺品可用射灯等。因此候诊区灯饰风格是主人身份、地位、修养的象征和表现。因此,候诊区照明重在营造气氛,应选择艺术性较强的灯具,与建筑结构和室内布置相协调,勾勒出美妙的光环境。

三、水源系统

口腔诊所是医疗及照顾病人的场所,所以卫生清洁及感染控制是水资源系统最需要重视的地方。口腔诊所周边的给水排水设施是诊所开设的重要一环。如果水压太低,可能造成机器设备的损伤。另外,相关社区有无一些排污的法规也应了解。水源系统可分为给水及排水两方面:

1. 供水管路系统

材质应考虑耐蚀性及耐久性材质为佳。冷水管路以不锈钢管、铜管及 PVC 塑胶管三种选择使用。热水管路则以不锈钢管或铜管为佳,外围需包扎保温材料。

2. 排水管路系统

口腔诊所排水管路材料的选择需视废水的种类而定。一般洗手槽排水管、清洗器械排水管、浴室、厨房排水管采用铸铁管、PVC 塑料管或 PE 管均可。若是含有化学制剂的废水,则宜采用抗酸性碱性强的 FRP 管或 PE 管作为配管材料。

四、消防系统

口腔诊所内由于仪器种类繁多、电线管路复杂,加上经常使用的酒精灯,易燃物颇多,操作中若有不慎,极易引起火灾。灭火器内的药物,每两到三年需保养更新一次,并将日期作成书面记录。灭火器应有固定的位置安放,平时应教导每一个员工正确的操作方法,并提醒员工,在火警发现的初期应立即拨打 119 求救,并应善用周边设备,尽快灭火,以保障病人及员工生命财产的安全。

五、隔音控制

在口腔诊室安装有效地隔音物或是隔音垫的重要性是不容忽视的。过去的观点是将候诊室和诊所的其他地方完全分离开,现在看来这种方法不再可取,也不合适,因为病人希望自己在诊所里做个客人,而不是一件储藏物或是家具的一部分。因此,最重要的噪音控制方法是在前台和候诊联合区营造一片安静区。牙科钻头的声音会给病人带来恐惧感,这个我们能够想象,幸运的是,许多关于声学上的技术可以将这个问题降到最低。高调牙钻音,反射的气泵声音给口腔诊室的隔音提出了更高的要求,所以诊所需要全面地评价隔音的所有细节。需要注意的是,隔音控制并不仅仅是物理上的隔音,其中还包括墙材料的选择,门以及窗的布置,有时还要包括天花板的装饰结构以及墙的涂料等等。必要的隔音材料系数可以通过不同的墙和地板的设计来获得。口腔诊所内高速手机(high speed)尖锐的声音,常是使病人裹足不前,未能就医的重要原因之一,因此口腔诊所内的噪音控制便显得格外的重要。

六、空调系统

空调系统指用人为的方法处理室内空气的温度、湿度、洁净度和气流速度的系统。可使口腔诊所获得具有一定温度、湿度和空气质量的空气,以满足口腔医疗过程的要求和改善劳动卫生和室内空气条件。口腔诊所内有良好的空调系统及适当湿度,不但可净化室内的空气、防止诊室内交叉感染,更可制造舒适的空气条件,以提供医护人员良好的作业环境,并给予病人良好的口腔医疗环境。

大型口腔诊所可采用集中空调系统,所有空气处理设备(风机、过滤器、加热器、冷却器、加湿器、减湿器和制冷机组等)都集中在空调机房内,空气处理后,由风管送到各空调房里。这种空调系统热源和冷源也是集中的。它处理空气量大,运行可靠,便于管理和维修,但机房占地面积大。

七、音乐系统

候诊室和治疗室不断播放柔和优美的音乐,声音不要太大。例如:加拿大的经验是病人听了较安静的音乐以后所需要的麻醉药剂量比一般情况减少一半。例如:美国科罗拉多大学研究人员发现较安静的音乐可以降低病人的收缩压和舒张压。一边听悦耳的音乐,一边接受口腔治疗,因此许多病人的心情便不再那么紧张。音乐有医疗辅助作用,应该加以利用。例如:广州天河阳光口腔诊所则别出心裁的专门为病人准备了CD机,让病人就诊时戴上耳机听自己喜爱的乐曲,在享受美妙音乐的同时,减轻牙痛的感觉。例如:惠阳白天鹅口腔医院的牙科治疗椅还装有音乐头枕,病人可以在柔和的轻音乐中接受治疗。例如:协和医院口腔科将《雪绒花》、《我心依旧》、《乡村路带我回家》这样脍炙人口的经典音乐引入诊室,病人在接受治疗时,耳边除了刺耳的牙钻声,还伴有轻柔的背景音乐。"音乐疗法"一推出,立刻受到年轻病人的欢迎。许多病人在听到悠扬的音乐声后,原本紧紧攥着扶手的双手不自觉地就放松了。播放的音乐,以轻音乐、钢琴、小喇叭、小提琴、吉他等音色较柔和的可稳定病人紧张情绪者为宜。至于上、下班前后,则以热门音乐或节奏较轻快的音乐为优先考虑,以鼓舞士气,激发活力。

口腔诊所的音乐应该令人放松并能融入背景,病人不一定要注意到,重要的是它产生的效果应该有助于病人保持放松的状态,并对治疗不感到排斥。轻音乐、新世纪音乐与大自然的声音都能产生这种效果。

第三节 附属设施设计

除了口腔诊所工作场地本身设计以外,对于其他附属设施,如:停车场、个人和员工宿舍等,均应列入考虑,当然在实施之前可以配合实际需要及资金状况予以进行。尤其是停车场设施,随着生活形态的变迁,对于大型口腔诊所而言,更是营业上所不可欠缺的,有关停车场规模可以配合建筑法令规定、商圈环境条件或竞争状况等作判断。员工宿舍方面则是员工的福利措施要项之一,除了考虑单身宿舍外,必要时亦可扩及家属宿舍。

病人及其家属去诊所就诊,大都乘坐各式便捷的交通工具。若干年前还都是以自行车、公交车作为主要的交通工具,因此,口腔诊所的停车并不是什么问题。而随着经济的高速发展,汽车进入家庭的进程越来越快,口腔诊所的停车难成了医患双方都头疼的问题。现在许多城市都乘着经济高速发展的东风在新建或改扩建口腔诊所,在设计上业主往往更多注重医技功能性空间的建设。

图2-2 西川齿科医院适舒的室外候诊区

另外由于地区经济、人口的差异有些口腔诊所对停车场地的短缺并无切肤之痛,故对此问题仍未有充分的认识。对停车场地问题,口腔诊所业主要有前瞻性的眼光,在规划上就要留有余地。停车场地理想的位置首先应在口腔诊所附近,避免病人下车后又要在室外长距离行走。地面的停车场应为出租车设计专用的等候位及出入流线,方便病人使用。在长时间治疗过程中为求诊病人的汽车进行仔细检查和维护,给求诊病人带来意外的惊喜。

现在很多业主以价钱论档次,且似乎都有海纳百川的思想:别人口腔诊所有的我都要有,希望将在不同诊所里看到的优点,都集中到自己的口腔诊所里来。其实材料有高中低档,设计水平也有高中低档,工装档次需要两者综合起来看,并不是材料用得差了,就设计差了,一个好的设计师将材料把握得好,通过材料之间的碰撞同样会获得很好的设计效果。很可惜,有时业主对设计的认识还停留在是否应收费的水平上。另外有些优点在不同的场合是优点,集中在一起就会产生冲突。许多失败的设计,固然有设计师的水平的原因,但也有许多是因为业主坚持己见的原因。要想有一个好的设计,有一点特别重要,业主先要找一个好的设计师,并克制自己的干预欲望。

　　总之,每一个细节都要考虑到,令病人感到满意。在布置诊所的时候,既要考虑到各种病人的特点和需要,使病人有宾至如归的感觉,又要有自己的特色,有与众不同的地方,能够给病人留下深刻的印象。

第三章

口腔诊所设计原则

口腔诊所空间环境是社会文明进步的重要标志之一,它的发展不但体现了社会卫生事业的进步,更与国计民生息息相关。而人们对就医环境的要求也在不断改变,从七八十年代强调"以病人为中心"的观念,到21世纪"既以病人为中心,也为医护人员改善环境"的理念,直至随着计算机和网络的出现,数字化技术在口腔医疗设备中的应用及口腔医疗设备的小型化、便携化,又使口腔诊所空间环境有向家庭化回归的趋向,追求自然也成为新的时尚。这就使口腔诊所的空间设计变得越来越复杂,同时对设计的要求也变得越来越高。

口腔诊所空间的尺度、景观的规划、整体的色彩、外观造型、空间的配置、甚至包括家具的选配等,这些因素设计者都需费心的设计安排,而在设计时更需将病人可能的心理感受考虑进去,可见口腔诊所设计是一门相当深奥的学问。新的口腔诊所必须有足够大的空间,根据正确的指示而达到合理的设计目标,这个目标应该有可持续性发展的空间,以杜绝"瓶颈"效应。

在大部分人心中,口腔诊所都是一个恐惧的空间——嘈杂的候诊室,单调的白色,严肃的医生,以及各种声调的哭喊声……这里往往充斥着各种关于疼痛与等待疼痛的记忆。对于口腔医师,口腔诊所的空间设计无疑也是一个不小的挑战。到底是口腔医师的高超医疗技术还是一个让人感觉愉悦无压力的口腔诊所空间环境会让病人产生好感而愿意再回诊,是哪一个比例占的多一些,众多调查数据显示:对一个非口腔医学专业的病人而言,感觉很好的空间环境才是让他们愿意回诊的主要原因。尤其是新病人第一次来口腔诊所就诊,病人根本还没有机会体会到口腔医师的高超技术时,让他们印象深刻的首先是整个口腔诊所带给他们的感觉。

第一节　诊所环境重要意义

口腔诊所的空间环境是服务质量的一个重要标志。如果想在社区中提高口腔保健的价值,口腔诊所应当体现出高质量的空间环境。传统的口腔诊所是白色墙壁和白大褂,给人以进入医院的强烈感觉,很容易让病人感觉不安和不自在。而口腔诊所的功能在于治病和保健,服务于保障人们的口腔健康。因此,凡有利于人们产生和丰富其口腔诊所美感以增进其身心健康的和谐的客观环境,就是口腔诊所空间环境的审美。

一、体现口腔诊所业主品位

热爱生活的人往往都懂得如何经营生活,而业主的品位往往从注重细节开始。质地、造型、线条、颜色、触感、视觉等,不论哪一个领域,没有细节便无法成就完美。口腔诊所空间设计可以根据诊所空间的大小、形状、业主的文化习惯、兴趣爱好和经济情况,从整体上综合策划空间设计方案,体现出业主的个性品位。在设计感明显的口腔诊所的空间环境中,尤为如此。

有品位的业主要有独特的个性,个性是彰显自我与众不同的特征。这样的业主对自己有清醒的认识,了解自己的不足,懂得如何用得体的服装、良好的言谈举止,让自己始终保持清爽宜人的气质和向上的力量。有品位的业主要松弛有度,懂得追求事业与享受生活并重。有品位的业主要乐于进取,不墨守成规,不唯我独尊,懂得用开阔的视野,来涉猎新的领域。这样的业主懂得,如何以他人之长补自己之短,不断追求自我超越。口腔诊所的环境能突出业主的专业特征和文化氛围。

二、推动口腔诊所市场促销

从市场促销的角度来讲,口腔诊所的空间设计所起的作用,与在口腔医疗设备方面的投资同等重要。那些中高收入的病人是相当挑剔的,他们所信任的是看起来与他们同样成功的专业人员。这种评估和决策往往是潜意识的,却又是强有力的。一旦他们的感觉良好,他们对提供的口腔医疗服务就具有信心。现代人们对于空间设计的关注越来越强烈,几乎人人都可称为行家,达到了相当的水准,因此对口腔诊所空间设计的要求越来越高。

口腔诊所的宣传不能是空泛和不具体的,而是需要在病人刚进入口腔诊所的大门就能对口腔诊所的层次和质量有所了解的。相关的证书和继续教育的证明应该悬挂起来,教育材料应该被完全地展示出来。通过观看展示,病人会开始考虑他们需要的口腔治疗方案,以及确定他们能够从口腔诊所得到的服务。

新的口腔诊所需要一个明确的审美环境,通过宣传使病人尤其是新病人可以形成直接和持久的关于口腔诊所的概念,使得他们认可口腔诊所的临床技术和审美观念。他们通常相信,所看到的就是将会得到的。口腔诊所门口地板上的一片纸屑都有可能使病人认为该口腔诊所是不干净的。接待处过期的杂志可能会暗示口腔医师的临床技术也过时了。创造不受风格限制、功能齐全、美观舒适的口腔诊所,其空间设计是具有重要价值的。

三、提高口腔诊所服务质量

温馨的就诊环境、宜人清新的空气、芬芳的鲜花绿草、美妙的视听音乐、优雅的装饰摆设以及热情有礼的接待护士,能使病人有回家的温馨感觉和度假的轻松心情,从而忘却了紧张和担忧。家庭式的就诊环境,可以大大削减患者的紧张情绪。不只是装修的档次、色彩的搭配,更重要的是为调节患者情绪,促进医患交流所采取的必要手段和措施。

例如,按照办公室的风格设计,护士穿着绿色的工作服,能够给人视觉上的安全感和舒适感。传统的口腔手术椅全部被换掉,取而代之的是先进的按摩椅。如一些小摆设、装修的冷色调、绿色植物都可以安抚患者的紧张情绪。背景音乐的播放使看牙成为享受。病人在进行口腔治疗的时候,戴上眼部按摩器和耳机,背部舒适,眼睛免去对治疗的恐惧,进入双耳的是优美而柔和的音乐,很快就能进入放松状态。口腔诊所装修应该考虑各式患者群体就诊的要求。如老年患者、残疾患者是诊所的患者群之一,就应该让他们的轮椅能够直接进入治疗环境。总而言之,人们在要求口腔诊所医疗环境更舒适的同时,也应该要求诊所的功能更全面。

根据现代医疗理论的概念,在患者接受诊治和康复的过程中,其心理和精神状态的表现情况发挥着相当重要的作用。所以,在对就医环境的设计上必须高度重视和关怀患者的心理以及精神状态,力求使患者在就医的过程中能够保持平和、轻松的心态,从而更好地配合医生的治疗从而提高治疗效果。

四、建立口腔诊所审美环境

口腔诊所是实施口腔医学功能的场所。口腔诊所每天都要接待不少的求医者,通过与医务人员的交流、检查、诊断、治疗,求医者不仅同医务人员发生了人际关系,还同口腔诊所发生了审美关系。这种情况下,口腔诊所的空间环境就会对求医者的心理产生微妙影响,对实现口腔诊所的口腔医疗工作目标具有某种影响。以病人为本是新时期口腔诊所空间设计的核心。

空间环境是人类生存和活动的条件,环境美是社会发展和社会文明的需要,人们总是怀着某种审美观点审视周围环境,会对各种环境的美与不美产生感受,也会对口腔诊所空间环境具有一定的审美要求。在人与环境的关系中,人是审美主体,环境是审美客体。那么,口腔诊所空间环境就是作为主体人的审美对象而存在的客观环境,具有某种审美属性,由各种审美客观所构成,能使审美主体产生美的感觉。空间环境在遵循口腔诊所通性的原则下,应该能够突出本口腔诊所的特殊性,体现简洁、高效、人文、环保的特性。

口腔诊所空间设计要求有相对好的布局,既要灵活生动又要美观大方,既要具有功能性又能体现高雅。当然,其中功能性是最主要的,它能使工作人员以更加高效的方式进行工作。所以,口腔诊所空间环境是医学审美环境,口腔诊所能否提供给求医者有利于治病和保健的医学审美环境,涉及求医者的利益和治疗的实际需要。这既是口腔诊所经营管理工作的重要方面,也是全体口腔医务人员所要关注的重要问题。

第二节　口腔诊所设计要素

口腔诊所开业的意向决定之后,做好投资和申请许可,接着就是口腔诊所设计和建设的实施了。对于任何一个口腔医师而言,口腔诊所设计是开业实践中非常重要的一步。无论是在旧口腔诊所上重新改造,还是建立一个崭新的口腔诊所,都离不开一些必要的设计要素,都是有助于创造一个高效、舒适、安静、能够与病人友好交流的环境。

由于城市地狭人稠,土地的取得成本高昂,因此口腔诊所的空间设计应朝"多功能"及"整体规划"的方向去发展。而整体规划中,如何将口腔诊所内各种不同的功能空间、交错复杂的动线,以及各种专门性的设备系统,统筹成一个有秩序、有组织的运作体系,并且能够符合以后的需要及变化,而其中一方面就要考虑到医疗技术的专业形象,另一方面也要考虑到兼具文化艺术的气息塑造。

口腔诊所设计主要是根据需要和预算进行,虽然口腔诊所会有多种设计风格,但是这些要素对所有的口腔诊所都是通用的。口腔诊所的设计需要建立在工作效率以及病人满意程度的这个中心上,是联系着我们对病人的承诺并且也是盈利的基础,在设计阶段的努力工作将在日后给我们很大的回报。

口腔诊所设计要点包括:

1. 美观境界

口腔诊所是为病人创造美的,因此,口腔诊所的布置应达到美观的境界,同时再加上丰富有趣的想象,使其具有独特的风格。另外,接待病人的场所设计得宽敞舒适也是很重要的。

2. 主题风格

要成为一间病人满意的口腔诊所,必须体现出口腔诊所的风格,并且精心策划一些主题,来迎合不同季节的改变或是节庆的到来,借此抓住病人的心理。

3. 整洁明亮

干净、整洁、明亮而有情调的口腔诊所,对病人而言,可让其有宾至如归的感觉;对员工而言,可使其工作更有效率;对开业者而言,可使整个口腔诊所的管理,更得心应手。

4. 环境和谐

口腔诊所的外部装潢与内部装潢可依开业者的喜好来设计,但也应考虑到病人的心理。必须要考虑到口腔诊所所处地理位置附近的病人层次后,再加以装潢。如果脱离了病人的心理,其装潢就算如何的新潮,也起不了任何作用。

5. 突出个性

口腔诊所的内外装潢,也是表现个性的武器。除了要考虑地理条件和病人层次外,适时呈现开业者的个性以及创造力也是非常重要的。

现在大多数口腔诊所室内装饰还停留在对空间内六个面的设计,其实室内设计内容应包括建筑空间设计、装饰设计、物理环境设计和室内陈设设计四个方面。口腔诊所空间设计除了实现医疗功能的设计外,更多是一种空间规划与协调的设计;装饰设计主要是对空间内六个面的视觉设计;物理环境设计,包括采光、通风、采暖等在内的建筑物理环境设计;室内陈设设计,包括绿化、家具摆放在内的艺术处理。

第三节　空间环境基本类型

空间环境形象是大众对口腔诊所服务环境的一种评价。口腔诊所是口腔诊所员工工作和病人进行交流的场所,口腔诊所空间环境的好坏不仅是口腔诊所形象的外在表现,它同时也体现出整个口腔诊所的内在素质,俗话说的"透过现象看本质"就是这个道理。因此,要重视空间环境形象的建设,通过良好的空间环境形象来反映口腔诊所具有的优秀内涵。口腔诊所空间设计必须确保诊所的每项设施和细节与口腔诊所的气氛和主题谋合。整体气氛必须让口腔医师感到舒适并乐于长年在此工作。整体设计风格包含从典雅风格、摩登专业风格到自由现代风格等,同时还必须反映出口腔诊所所在地区的顾客群的品味。

一、空间环境风格类型

口腔诊所空间设计的风格很多,可分为传统和现代两种。传统风格的空间设计主要是在室内布置、线型、色调、家具及陈设的造型等方面吸取传统装饰的"形"、"神"为设计特征。而现代风格的空间设计以自然流畅的空间感为主题，简洁、实用为原则，使人与空间完美共处。风格应与口腔诊所及顾客群的环境呼应。在写字楼环境中的口腔诊所可表现出典雅风格，在郊区的口腔诊所则可以是无拘无束的休闲风格。

1. 中国传统风格

中国传统崇尚庄重和优雅。吸取中国传统木构架构筑室内藻井天棚、屏风、隔扇等装饰。多采用对称的空间构图方式，笔采庄重而精练，空间气氛宁静雅致而简朴。设计风格多定位在 20 年代的"五四文化"，十里洋场的上海滩以及中国独特的山水胜景上。客厅里中式家具与西式沙发的巧妙搭配，仿佛使时光回到了 20 年代西方文化涌进上海滩的情景。重峦叠嶂的寝居背景，加上中国词人的名句"云破月来花弄影"，塑造出了图画意境般的虚幻景致。

2. 乡土风格

主要表现为尊重民间的传统习惯、风土人情，保持民间特色，注意运用地方建筑材料或利用当地的传说故事等作为装饰的主题。在口腔诊所环境中力求表现悠闲、舒畅的田园生活情趣，创造自然、质朴、高雅的空间气氛。

3. 自然风格

崇尚返璞归真、回归自然，摒弃人造材料的制品，把木材、砖石、草藤、棉布等天然材料运用于室内设计中。这些做法，特别适宜运用在独立建筑中的口腔诊所，备受人们喜爱。自然美丽的室外环境与内部设计相结合，使整个诊所空间风格浑然一体，超现实的设计灵感既赋予了口腔诊所艺术气息，又赋予浓厚的家庭生活情趣。

4. 新古典风格

人们对现代生活要求不断得到满足时，又萌发出一种向往传统、怀念古老饰品、珍爱有艺术价值的传统家具陈设的情绪。于是，曲线优美、线条流动的巴洛克和洛可可风格的家具常用来作为口腔诊所的陈设，再配以相同格调的壁纸、帘幔、设备外罩等装饰织物，给室内增添了端庄、典雅的贵族气氛。新古典的风格设计正是满足了崇尚复古却又追求新潮的渴望，把满室的气氛，装扮得有点时尚又不会太新潮，有点复古又不会太古板。

5. 欧式古典风格

这是一种追求华丽、高雅的古典风格。室内色彩主调为白色。家具为古典弯腿式，家具、门、窗漆成白色。擅用各种花饰、丰富的流线变化、富丽的窗帘帷幄是西式传统室内装饰的固定模式，空间环境多表现出华美、富丽、浪漫的气氛。英国白金汉宫的皇家饰条、壁炉、用具以及维多利亚时期的家具，处处流露着 18 世纪的古典美，在依山傍水的云雾缭绕中，坐在牙科椅位上的病人，仿佛置身于中古世纪场景之中。例如,佳美口腔的整体装修风格突破了传统医院风格的局限,采用欧式典雅的装修风格,为顾客创造了宾至如归的温馨就诊环境。

6. 欧式现代风格

以简洁明快为主要特点,重视室内空间的使用效能,强调室内布局按功能区分的原则进行,家具布置与空间密切配合,主张废弃多余的、烦琐的附加装饰。另外,装饰色彩和造型追随流行时尚。后现代作用就是否决形式主义,除去其他浮面的修饰,重视美感,运用装饰结构,构筑出理性化的空间。

7. 日式风格

空间造型极为简洁、家具陈设以茶几为中心,诊室墙面上使用木质构件作几何方格形状从而与细方格的木推拉门相呼应,空间气氛朴素、文雅柔和。

8. 韩式风格

以方格、圆形等象征着今日韩国文字的窗景,代表了地处寒带的朴实生活,韩国风格运用借景窗景的穿透力,把朝鲜文字反应在橱窗设计上,而内部设备则流露着北国的原始风味,沙发浓郁的色彩则反映了传统的朝鲜民族性格。

9. 混合型风格(中西结合式风格)

在空间结构上既讲求现代实用,又吸取传统的特征,在装饰与陈设之间能够融中西风格为一体。如传统的屏风、茶几,现代风格的墙画及门窗装修,新型的沙发,使病人感觉不拘一格。

不同性格、不同文化修养、不同年龄、不同技术水平的业主对口腔诊所空间环境的风格及个性要求是不同的。口腔诊所空间结构和环境风格的营造须结合自己的个性要求进行选择和定位。在如此众多的空间设计风格中,人们最为喜爱的还是线条简洁、色彩明快的现代风格。

二、空间环境审美类型

在现代宏观医学模式中,口腔诊所空间环境审美分为生理性空间环境、心理性空间环境和社会性空间环境三个基本类型。它们分别满足着人的"五官感觉"、"感觉的人性"和"自我实现"这三种基本的审美需要,从而达到增进身心健康的目的。

1. 生理性空间环境

它着重满足人的"五官感觉"方面的审美需要。要求口腔诊所周围环境具有适合治病和疗养需要的秀丽的景色、悦耳的音响、适度的光照、清新的空气等客观条件。这些条件,一方面通过感知去改善人的生理功能;另一方面通过物质供应渠道来充实躯体的基质,从而有利于生命活力的发挥。

2. 心理性空间环境

它着重满足"感觉的人性"方面的审美需要,即情感和伦理方面的审美需要。它主要应表现为医务人员对工作的热忱和细致,仪容整洁,表情亲切,态度和蔼,语言温和,举止高雅,技术精湛;也表现为口腔诊所的工作秩序良好,人际关系融洽,各方面配合默契。这些条件给人以美的体验,促进心境的安宁,从而客观上起到益于治病和疗养的目的。

3. 社会性空间环境

它着重满足人的高层次的审美需要——自我实现的需要。求医者都懂得自身的社会价值,但伤病使他们不能像健康人那样参加社会活动和从事创造活动,他们到诊所求治是为了摆脱伤病,恢复正常的活动能力,以便更好地扮演自己所认定的社会角色。因此,这种空间环境主要要求口腔诊所职工礼貌待人,尊重病人人格,虚心接受病人的合理建议和意见,对求治者一视同仁,不厚此薄彼等,使求治者感到自身价值与诊所环境和谐一致,从而提高治疗信心。

第四节　口腔诊所环境建设

近年来,随着人民生活水平的不断提高,我国口腔诊所建设有了空前的发展,新建与改建的诊所不断增多。但许多新建口腔诊所只满足于一般的功能关系,注重建筑外表的堂皇与华丽,而忽视了对病人心理与生理特殊性的考虑。对于口腔诊所空间的设计,如何巧妙地运用空间美学,设计出理想的就诊环境,从而在情感上提高病人的复诊率,这才是口腔诊所空间设计需要塑造的意义。

建筑师 A·依可尼可夫曾说:"任何建筑创作,应是内部构成因素和外部联系之间相互作用的结果,也就是'从里到外'、'从外到里'。"室内环境的"里",以及和这一室内环境连接的其他室内环境,以至建筑室外环境的"外",它们之间有着相互依存的密切关系,设计时需要从里到外,从外到里多次反复协调,使其更趋于完善合理。室内环境需要与建筑整体的性质、标准、风格以及与室外环境相协调统一。

1. 口腔诊所外部环境

口腔诊所的建设,应从其业务特点出发,从整体观出发,力求达到符合整体美。首先要抓好口腔诊所主体建筑的规划和设计。一切建筑都是为了满足社会实际需要而产生的,口腔诊所建筑不能脱离治病和保健的需要,要以有利于治病和保健为目的,来统筹考虑外部环境的结构和安排。与此同时,还要考虑到整体建筑及各部分房间良好的通风和采光。总之,口腔诊所作为一个空间实体,应能使人赏心悦目,达到精神上的满足,因此应在实用的前提下力求美观。

其次,还要做好辅助环境的规划和设计。口腔诊所周围空地,应考虑植树种花,宜选用四季常青的树种,花则四季各异。空地大的,还可以安排草坪,安置坐椅,便于病人散步和休息。这对改善口腔诊所的医学审美环境是必要的。当然,在大城市某些人口密集地区,有的口腔诊所除了医疗用房和必要的办公用房外,几乎没有什么空地,这种情况则另当别论。但是以口腔诊所的社会功能来衡量的话,则是其不足之处。

2. 口腔诊所内部环境

现代室内设计是根据建筑空间的使用性质和所处环境,运用物质技术手段和艺术处理手法,从内部环境把握空间,设计其形状和大小的。为了能够让人们在室内环境中舒适地生活和活动,就需要整体考虑环境和用具的布置设施。那么,室内设计的根本目的就在于创造满足物质与精神两方面需要的空间环境。

布局美从美的形式要求上讲,实际是一种协调和节奏的美,包括序列安排和色调,这些都应从有利于治病的角度出发。服务台应该设在各口腔诊室的中心位置,或者最好成扇形或 X 形展开,这样既方便病人有事找医务人员,也便于医务人员观察病人,及时发现新问题。诊室四壁应选择相对柔和的色调,以利于病人保持平静的心态就诊,一般不宜采用刺激性强的热色。诊疗室中间要留有活动空间,避免过分拥挤。口腔医疗仪器及设备的放置,不仅要排列整齐,勤加擦拭,避免尘染,更应注意摆放位置以便于使用和操作。

精心布置环境,往往能消除病人的紧张情绪。为了能让病人消除对诊所的紧张情绪,现代口腔诊所在环境布局上应打破传统的白色布置,使用让人精神放松的浅蓝色基调,摆设方式上应接近居家的模式。如明亮、舒适的候诊室内置有彩电、音响、冷热饮水机、书报阅览架、衣帽架,蓝色的皮沙发中置一浅绿色磨砂玻璃茶几,茶几上再放上一束淡紫色的荷兰菊花,墙边的花架上放一盆怒放的兰花,在轻柔、悠扬的音乐中,让病人有宾至如归之感。

口腔诊所必须是个物尽其用的功能性环境,所有的细节都必须兼具功能性美感,以满足就诊病人的期望与要求。口腔医师的挑战就是提供最佳质量的口腔治疗,以创造一个能反映出这种承诺的口腔诊所空间环境。力图在以实用为主的口腔诊所的空间设计中显示出自己的与众不同。

3. 清洁环境

在世界范围内,人们对其他人的价值评估都会很快形成。这样的价值可以通过口腔诊所的空间环境来形成。口腔诊所的空间是否紧跟时尚并且迎合高层次消费;它是给人印象深刻,还是令人感到沮丧;即使它不属于自己的建筑,怎样才能改进外观增强人们的第一印象;行人道是否干净并得到良好的保养。当然,可以说这是属于他人的责任,但是这却是我们自己的生意。可以在门外边摆放一个大的盆栽植物或其他什么饰物,以使我们的口腔诊所与众不同。空间环境也可以创造或转移价值。我们是口腔健康维护的提供者,清洁具有正面作用。要保持环境清洁,使人感到舒心。地板、天花板和墙壁应当布置得井井有条,而且还应当整洁如新。不能有剥落的喷漆、肮脏的墙壁、污浊的灯具。口腔诊所对清洁环境的重视是不可小视的。

诊所的装修标准:

口腔诊所装修的档次和格调,应根据诊所的定位决定。总的要求应突出诊室的专业特征和文化氛围,营造轻松、舒适的治疗环境,有利于在口腔医疗服务过程中控制交叉感染。

(1) 诊室光线明亮,天花板灯光宜用吸顶灯。

(2) 良好的通气、排气及空气消毒设施。不宜用风扇,空调的过滤器必须易于清洗。

(3) 地面材料应该光洁、耐磨、防滑,不宜使用地毯。

(4) 墙壁不宜有过多的悬吊物,涂料应选用耐腐蚀、易清洁的材料,最好用冷色调,如淡蓝色或乳白色,给人以轻松的感觉。

(5) 诊所内摆设包括家具、医生诊断桌等,应简单、易于清洗和表面消毒。

第五节　口腔诊所设计程序

目前从事装修工作的大都只是匠人,泥木工、漆工、水电工、墙面工通常就只会某一单项而相互之间却缺乏恰当的衔接与沟通。一般情况下对口腔诊所的装修都不甚了解。而装修公司利用 3DSMAX 等软件经绘图、建模、渲染出来的装修效果图,大都也只是艺术效果处理图而已,实际上没有多大的实际参考价值。所以建议大家:装修时不要轻信那些缺乏家装经验的家装者,只有装修过的才能有所体会并能有所针对地家装而不是闭门造车纸上谈兵。

如何塑造一个理想的口腔诊所空间,它包含很多方面:小区人口结构与需求,交通便利性,竞争状况,设备服务质量,医疗性质的重叠,当然还有最重要的就是口腔医疗专业化的程度,而这些都是口腔诊所吸引病人的因素。口腔诊所空间扮演一定的角色,但绝对不是单一因素。强势的口腔诊所是每位创业口腔医师想做到的,找个似乎不错的位置,定制显眼的招牌,鞭炮一放便开始了执业行医的生涯,当然也有不少成功案例。旧模式没有什么不对,但"宿命"超越了"创造","主动"变少了,"运气"成了关键。今天的标准答案明天可能就面目全非;在这个时代,"时间"是不确定的,主动和创意的思考能力才是我们所需要的(图3-1)。

小型口腔诊所装修总流程如下:

(1) 学习装修知识:①时间:装修开始2个月前;②方法:多咨询有装修经验的口腔医师。

(2) 逛建材城:①时间:装修开始1个月前;②方法:多听厂家介绍多提问。

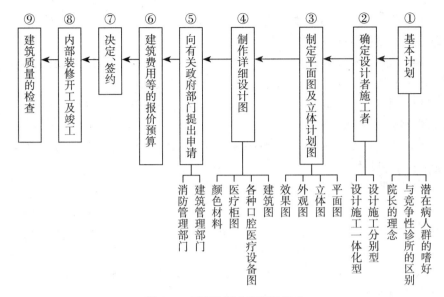

图 3-1 口腔诊所空间设计程序

（3）确定装修预算和设计思路：自己先要对装修预计花多少钱，装修成什么样子有个大致的概念，然后再去接触装修公司。

（4）比较装饰公司：多看、多听、多比较，全面了解装饰公司的水平，建议可到 3~4 家左右的装饰公司进行咨询。

（5）讨论设计方案：一个好的设计，应该以我们自己的思想为主导，不要让设计师随便左右，他们的出发点可能是让我们多花钱。

（6）确定报价：①合同都是可以协商的；②报价单要逐条审核，不理解的地方，都要咨询清楚，不能蒙混过关。

（7）挑一个好的施工队：①装修队的水平决定口腔诊所的质量；②一定要亲眼考察施工队的工地；③记下工长的名字，装修合同里面应签订工长带队施工。

（8）签合同：①尽量多签补充条款，把能想到的都要写进去；②合同一定要盖公章并公证。

（9）准备开工：①到物业办理手续；②交装修首期款。

（10）现场交底：设计师、监理、工长、设备人员以及业主一起到现场，验收材料，讲解设计施工部位。

（11）水路改造和墙体拆改：①改造成本高，在满足需要的前提下，尽量少改；②承重墙不能拆。

（12）中期验收：①检验木工工作质量，最好请有经验的口腔医师陪着一起验收；②缴付中期工程款和增项费用。

（13）购买口腔医疗台和医疗柜：①时间：装修开始后；②方法：口腔治疗台和医疗柜的颜色搭配一定要咨询设计师的意见。

（14）消毒室和卫生间贴瓷砖：如果是旧房，一定要重新做防水，消毒室和卫生间防水不低于 1.8m，贴小砖的价格要高于普通瓷砖。

（15）第二次工程验收：①瓷砖空鼓要 <2%；②吊顶龙骨要刷防火涂料；③防水要做 24 小时闭水试验。

（16）安装成品门和地板：①铺地板要检查每包地板是否够数，防止工人偷地板；②门的尺寸要和厂家一起确定，以免尺寸不合适。

（17）安装洁具：洁具安装后尽量不要再让工人使用了。

（18）安装灯具和五金：①多组灯泡的灯，要分路控制，保证每次只开一组，不全开，节约电；②五金安装的高度一定要亲自试用以方便日后使用。

（19）安装口腔医疗台和医疗柜。

（20）安装窗帘布艺：①窗帘的颜色样式，最好事先咨询设计师；②注意窗帘本身价格不高，商家一般会用提高敷料价格的方法盈利。

（21）完工验收：①要请有经验的人陪伴验收；②要亲自重新测量所有施工项目的面积，以免装修公司谎报数目。

（22）保洁：150m² 的口腔诊所保洁费一般在 150 元左右，知名公司要收到 350 元左右。

口腔诊所空间设计的关键在于：

（1）清晰的目标。

（2）建立标准，选择合适的设计公司。

（3）信任专业团队。

（4）制定合理的时间计划和经济投入。

（5）各个协作团队责任明确。

（6）保障充分的交流和合作。

一、构思

如何构思一个完全属于自己想要的口腔诊所空间设计，其实就是一个重要的开端，这个动机概念必须强到可以支撑到工程结束，甚至到经营管理方面都必须奉行不悖。例如人的一生想要的东西太多，追求的也不少。就像口腔诊所我们会有一百个想法"希望"它是什样子，但有哪些是现实的、哪些是可动用的资源、哪些是有限制的、哪些是可以期待和奋斗的。因此，我们大胆假设口腔诊所其实就是我们如何看待自己整个人生的缩影。我们的格局有多大，口腔诊所的格局就有多大。一切的开始就是自省，深切的剖析拥有口腔诊所的动机有哪些，是工作的地方还是实现理想的开始。所以，当我们开始思考这些问题时，口腔诊所的雏形就已经在我们心中慢慢地拼凑和开始浮现,等到时机成熟就会变成坚强的信念。尽管这些念头可能并不成熟,但是却已经有了对口腔诊所最基本的期待,它可以是一个很抽象的词语,例如"明亮"、"活泼"、"温馨";也可以是一个念头,如"像儿童乐园"、"像咖啡厅"、"像森林"、"像家";当然也可以是理想目标,如"质量第一"、"联合服务"等都可以! 只要它是我们切实想要的,好的设计师就会理解我们的目标,而且也会更容易的找到方向,从而能够缩短认知上的差距。

口腔诊所的装饰装修是一项工程,欲求完美就需要像作文章一样,先确定主题,然后构思人物和情节,也即要全盘考虑口腔诊所设备的安置。根据口腔诊所的位置、楼层、空间、结构、布局及功能,再按照个人的心理需求、工作需要、审美意识、物质基础、经济条件等诸多方面因素进行考虑。必要时,可向装饰装修公司或口腔医疗设备生产厂商,进行周密的咨询,反复研讨,进行精心策划,制订出可行的实施方案,然后付诸完成。

按照口腔诊所的设计构想,装饰装修施工方案及添置口腔医疗设备的全部计划,均应根据当前的市场价格,提出装修预算方案,包括如下一些内容:

(1) 材料费:装饰装修全部耗用的材料。

(2) 材料耗损费:各种不同材料的不同损耗。

(3) 工时费:由启动到完工全部用工天数。

(4) 工具磨损费:施工单位正常的工具磨损。

(5) 设施费:按添置设施明细表报出。

(6) 税金:包括在施工单位费用之内。

(7) 其他费用:计划外的零星费用。

以上费用需统筹核算,综合比较,合理使用。

二、委托专业

口腔诊所谨慎地选择口腔诊所空间设计和装修施工单位是必要的,在国外进行任何投资,软硬成本首先被编列为成本结构的两大类,依业别各占总成本的比例,也多半有证可循。反观国内无论开店或装潢自宅,成本架构中几乎仅见硬件成本,而像买专业时间的预算,事先都不列入考虑。长此以往,导致设计费沦为就像买鞋附送的鞋带,买来的必须是有形的东西才算,否则就像吃了亏,嫌自己不够精明。如此精打细算倒也无可厚非,其实这真是大错特错,许多人为了这种心态付出代价而不自知,施工单位如何分担这部分成本有一百种方法,降低设计及施工流程质量,这会让外行的业主神鬼不觉,就算有些许了解,也容易在工程中由于设计案的不够周详,产生认知上的差异从而有所争执。尊重自己行业的空间设计公司,是决不会轻易放弃设计费的。

有个观念是必须先建立的,空间设计和工程单位是可以分开的。一般的设计公司都有办法代理安排工程单位,就像医生分为不同的专科一样,有的设计师专攻住宅,有的则对百货专柜、卖场、办公室拿手,这些也是选择的因素之一。可能经由朋友的介绍或报章杂志的刊登,有了腹案(可能是好几家)之后,可先用电话查询该设计公司的收费标准,设计提案的方式,甚至要求提出实例作为参考,如果还是无法单凭过去的硬件判别哪家更可靠,那借由此图(旧案)就能较清楚地看出哪家设计服务流程最能满足自身的需要(若需竞图就要注意商家是否要求竞图费),同时也可以看出设计工程各阶段成果的长项,例如:初步设计图有哪些,施工图能画到何种程度,也可通过送件中得到的一些样例来比较,但需注意的是这些都只停留于形式,虽然值得采样,但更重要的是形式背后的逻辑。别忽略了需要细查哪一家才能给出最完善的服务。

许多专业的口腔诊所空间设计师所作的室内设计,便能反映出口腔医生技术的质量与细心。某些地区若找不到专业的口腔诊所空间设计师,也可利用传真与网络通讯来采取远距设计的方式。设计师无需实地见到环境也能制出设计图,工程则由室内设计师或口腔诊所中具备设计与色彩天赋的人负责。

【案例】 空间设计专业服务流程

[来源:李川建筑空间设计事务所]

设计咨询与沟通

确定设计意向(签定委托设计协议)

实地勘测

初步方案设计与规划

编制初步工程施工估算

方案沟通与修正(结合估算)

确定设计方案,签定设计合约

最初设计

全套施工图纸设计

客户确认施工图纸

编制工程施工招标书

签定施工合同

图纸交底,组织施工(设计师负责跟进)

硬装饰完成

软装饰配套装饰布置

工程竣工验收

质量跟踪服务

三、设计与营销

我们一直不愿意把口腔诊所的空间设计工程与诊所营销分开来谈,因为空间设计工程只是口腔诊所营销的一部分,也许有人会认为口腔诊所根本无需所谓营销,那可就大大误解了"营销"的精神。口腔诊所既是医疗空间,也是营业场所,既然有营业就需面对客户(patient),面对客户就有服务,就有质量,就有比较,然后就会有取舍和淘汰。原来"营销的目的"就是透过计划管理和行动的方式,来强化"服务"、"客户至上"这个终极目标的"步骤和手段"。有好的营销计划和行动,客户就会成为忠实客户网,为口腔诊所带来稳定成长的业绩。

营销的范畴粗略区分为三部分:

1. 内部营销(internal marketing) 口腔诊所内部管理制度,建立共识,提供培训,激励和奖惩,使其成为一个工作团队。

2. 外部营销(outside marketing) 包括广告,口腔诊所空间规划设计,医疗咨询的提供,口腔诊所软硬件的整合。

3. 互动营销(interaction marketing) 和病人交流的过程中成员所具备的技能,适当的肢体语言和问候,亲切的招呼和答复询问。这些服务的质量与传送者有密切的关联,患者不仅凭借医师专业的医术来评价服务质量,口腔诊所任何成员的互动质量也是重要的影响因素。

第一、三项暂无法于本书讨论,借此就以外部营销的软硬件整合提供步骤。

四、硬件策略整合

如果社会没有服务的需要,服务业就不可能在我国发展到这种程度。服务业将会延伸到任何与人有关的行业,但是营销的手法却以各种不同的面貌呈现。现在如果已经对自己的口腔诊所有了动机和期待,而且也已经选择了满意的可以信赖的设计工程公司,能够对口腔诊所的营销具有初步的认识,那么就可以着手规划自己的口腔诊所了。

定位对于口腔诊所的格调走向有着重要的导航作用,对前述的构思也有很大的参考价值,首要的是与设计师讨论,告诉他们自己的资源和目标,而其他的则是专业和美学的问题,可经由具体的提案后,再作修改和取舍。

内部规划属于相对专业的范畴,必须与设计人员沟通的有:现有场地(或建筑物)可用范围和必要的限制,牙科单元的数量,治疗类别,特留空间(如休息室、X光室、技工室、暗房等),机房设备,预算金额,希望格调,规模。设计师会先丈量场地,然后提出方案(各公司有不同的做法,可以是计划书或者是平面配置图),下面我们将以口腔诊所的几项要点作重点讨论(表3-1):

1. **候诊室** 因候诊需要花一定的时间,而且是口腔诊所留给病人印象最深刻的地方,所以无论是否采用约诊的方式,宽敞舒适的候诊区不能随便被忽略掉,要让就诊病人从这里就开始满意。

表 3-1 口腔诊所内部规划面积比例

功能分区	小型口腔诊所 (100m² 以下)	中型口腔诊所 (100~200m²)	大型口腔诊所 (200m² 以上)
候诊区 / 室	5%~10%	5%~10%	5%~10%
服务台	2%~5%	2%~4%	2%~3%
诊疗区 / 室	25%~40%	30%~50%	40%~60%
消毒区 / 室	4%~6%	4%~6%	4%~5%
技工室	4%~6%	4%~6%	4%~6%
X 线室	2%~5%	2%~4%	1%~3%
盥洗区 / 室	2%~6%	2%~5%	2%~4%
咨询区 / 室	2%~6%	2%~5%	2%~4%
办公区 / 室	4%~8%	3%~6%	2%~4%

2. **服务台** 沟通最频繁的地方,也是处理书面数据的工作场所,书写资料的高度、病历管理、计算机及输出设备、电话、音响总机,这些都需要预留空间;以及管道、出纳柜、病历柜也应需要列入到规划中。服务台是口腔诊所的门面,在设计造型上最好要有特色并且内部功能的要求也应该仔细。

3. **诊疗室** 单元作业及回旋空间,两台之间距离是否合理。若空间许可各单元间特意留出专用工作区已渐被许多口腔医师认可。这样不但能使病人有单独治疗的优待感,也能使整个治疗区周边的功能提高而增加专业形象。收纳及清理,书写病历,底片灯箱、水槽、电源、弃置口都可在任何单独区间一起做到。灯光及空调出口则应尽量避免设在单元正上方,灯源色光可采用偏日光灯具。

4. **手术室** 手术室设施的主要要求是保持安静工作区间不被打扰,且尽量保持无菌状态,除设有专用医疗设备外,消毒清洗,仪器耗材及废弃物处理,都应尽量在一个工作时程内完成。同时还应当预留出助理的操作空间。此外为使室内不积灰尘,墙壁的接合要有圆形的卫生隔角,窗及出入口边缘与壁面应有规则,器具橱柜最好能内嵌于壁内。

5. **消毒室** 建议能有单独空间,需要的设备应事先提供给设计人员,入口处的工作流程应要求连贯,消毒设备及器械柜能够达到人员操作的理想高度,关于排水、污水及废弃物处理、电器的插座给电量等皆应事先做妥善的规划。一般耗材的贮存,可采用吊柜来节省空间。

6. **技工室** 尽量设于通风良好的空间,除医师要求的设备外,集尘器(suction)及沉淀水槽可先预留出电源与空间。

7. X 光室　治疗项目的不同会有不同仪器的需要,所需空间自然也不一样,一般除 X 光机以外,可能会因矫正和植牙的业务而需要曲面断层 X 光机,这种情况下铅室的预留就得提前规划。X 光机属精密仪器,采用专用电源就有其必要性。另外,卫生管理机构对铅室的审核标准也已比往年严格,为使整个申请流程顺利,在不影响建筑物结构的条件下,可要求施工单位使用比规定要求更高的一级材料以确保一次通过。还要注意使用指示灯、通风、通话等设备。

8. 盥洗室　别人可能最不重视,其实值得在此下工夫。

9. 咨询室和宣教区　除医疗行为外,拉开服务质量的差距就是懂得创造舞台。在所接触的案例中,许多口腔医师接受这个概念,把咨询宣教区独立出来且在整体规划中当成必留空间,反响都比较良好。

10. 办公室　属于口腔诊所较隐私的规划,一般以口腔医师个人办公或休息为主,大型口腔诊所若空间许可也可规划出员工休息室及会议室。这是为教育训练、建立内部共识及诊所成员间交流提供场地和内部营销的好地方。

口腔医疗是和人很亲密的行业。"人者,心之器也"一切以"人"为出发,考虑就诊病人需要什么,能多给他们些什么,要留给他们怎样的印象,从口腔诊所空间设计的一开始这些都必须成为极强的信念,也只有这些才是根本,最终才会发现回报的力量是倍增的。花钱装修口腔诊所如果无法和其他软件与行业配合而感动人,一切都不会有价值。

第六节　空间设计程序步骤

空间设计根据设计的进程,通常可以分为四个阶段,即设计准备阶段、方案设计阶段、施工图设计阶段和设计实施阶段。

1. 设计准备阶段

设计准备阶段主要是接受委托任务书,签订合同,或者根据标书要求参加投标;明确设计期限并制定设计计划以及进度安排,考虑各有关工种的配合与协调。

明确设计任务和要求,如室内设计任务的使用性质、功能特点、设计规模、等级标准、总造价,根据任务的使用性质明确所需创造的室内环境氛围、文化内涵或艺术风格等。

熟悉设计有关的规范和定额标准,收集分析必要的资料和信息,包括对现场的调查踏勘以及对同类型实例的参观等。

在签订合同或制定投标文件时,还包括设计进度安排、设计费率标准,即室内设计收取业主设计费占室内装饰总投入资金的百分比。

2. 方案设计阶段

方案设计阶段是在设计准备阶段的基础上,进一步收集、分析、运用与设计任务有关的资料与信息,构思立意,进行初步方案设计,深入设计,进行方案的分析与比较。确定初步设计方案,提供设计文件。室内初步方案的文件通常包括:

(1) 平面图:常用比例 1∶50,1∶100;

(2) 室内立面展开图:常用比例 1∶20,1∶50;

(3) 平顶图或仰视图:常用比例 1∶50,1∶100;

(4) 室内透视图;

(5) 室内装饰材料实样版面;

(6) 设计意图说明和造价概算。

初步设计方案需经审定后,方可进行施工图设计。

3. 施工图设计阶段

施工图设计阶段需要补充施工所必要的有关平面布置、室内立面和平顶等图纸,还需要包括构造节点详细、细部大样图以及设备管线图,编制施工说明和造价预算。

完整的设计图纸包括下列内容:

(1) 原结构图

① 设计总说明;

② 总平面图(大的公寓、别墅要有分区或各居室平面图);

③ 各部位立面图及剖面图;

④ 节点大样图(特殊工艺要求的);

⑤ 固定医疗柜的制作图以及内部结构图;

⑥ 门图以及门节点大样图;

⑦ 电气系统图;

⑧ 顶视图;

⑨ 建筑立面图(独立口腔诊所);

⑩ 关键点效果图。

(2) 平面设计图:平面设计图包括地面平面设计图和顶部平面设计图两份。平面图应有墙、柱定位尺寸,并有详细的尺寸标注。不管图纸比例如何缩放,其绝对面积不变。

平面图表现的内容有三部分:第一部分标明室内结构及尺寸,包括室内的建筑尺寸、净空尺寸、门窗位置及尺寸;第二部分标明结构装修的具体形状和尺寸,包括装饰结构在内的位置,装饰结构与建筑结构的相互关系尺寸,装饰面的具体形状及尺寸,图上需标明材料的规格和工艺要求;第三部分标明室内设备设施的安放位置及其装修布局的尺寸关系,标明医疗柜的规格和要求。

(3) 设计效果图:设计效果图是在平面设计的基础上,把装修后的效果很直观的表现出来,业主可以看到装修后的诊所效果。装饰效果图有手绘及电脑绘制两种,由于彩色效果图能够真实、直观地表现各装饰面的色彩,所以它对选材和施工也有重要作用。但应指出的是,效果图表现的装修效果,在实际工程施工中受材料、工艺的限制,很难完全达到预期的效果。因此,实际装修效果与效果图有一定差距也是合理而正常的。

(4) 设计施工图:施工图是装修得以进行的依据,具体指导每个工种,工序的施工。施工图把结构要求、材料构成及施工的工艺技术要求等用图纸的形式交待给施工人员,以便准确、顺利地组织和完成工程。施工图包括立面图、剖面图和节点图。

施工立面图是室内墙面与装饰物的正投影图,标明了室内的标高,吊顶装修的尺寸及梯次造型的相互关系和尺寸,墙面装饰的式样及材料、位置尺寸,墙面与门、窗、隔断的高度尺寸,墙与顶、地的衔接方式等。

剖面图是将装饰面剖切,以表达结构构成的方式、材料的形式和主要支承构件的相互关系等。剖面图标注有详细尺寸,工艺做法及施工要求。

节点图是两个以上装饰面的汇交点,按垂直或水平方向切开,以标明装饰面之间的对接方式和固定方法。节点图应详细表现出装饰面连接处的构造,并标注详细的尺寸和收口、封边的施工方法。

在设计施工图时,无论是剖面图还是节点图,都应在立面图上标明,以便正确指导施工。

4. 设计审查阶段

口腔诊所业主通过对方案设计的审查,最后确定口腔诊所装修的用材、施工方法及达到的标准。口腔诊所装修方案设计重点审查以下内容:

(1) 图纸的审查:除审核平面设计图外,还应重点审核施工图,考察其设计尺寸及做法是否符合房间的尺寸,各立面的装修是否符合要求,各装饰工程子项目的设计是否规范,并符合要求,如有出入,应做进一步的修改。

(2) 做法说明的审查:这是方案设计的重点,也是审查的主要内容。应就各装饰部位的用材用料的规格、型号、品牌、材质、质量标准等进行审核。对各装饰面的装修做法、构造、紧固方式等是否符合国家有关的施工规范,应参照国家有关标准逐项进行审核。

(3) 工程造价的审查:这也是口腔诊所装饰方案设计的重点,应该对每项子项目所用材料的数量、单价、人工费用等进行核对,以保证造价的合理、科学。

5. 设计实施阶段

设计实施阶段也即是工程的施工阶段。室内工程在施工前,设计人员应向施工单位进行设计意图说明及图纸的技术交底;工程施工期间需按图纸要求核对施工实况,有时还需根据现场实况提出对图纸的局部修改或补充;施工结束时,会同质检部门和建设单位进行工程验收。

为了使设计取得预期效果,室内设计人员必须抓好设计各阶段的所有环节,充分重视设计、施工、材料、设备等各个方面,并熟悉、重视与原建筑物的建筑设计、设施设计的衔接,同时还须协调好与建设单位和施工单位之间的相互关系,在设计意图和构思方面取得沟通与共识,以期取得理想的设计工程成果。

如果委托装饰公司施工,双方应详细商定,然后签订协议书,再按协议和计划进行。也可以请装修单位出人指导,由亲友协助施工,但是无论何种方式均需编制施工计划。按照先隐蔽后表面,先内部后外部,先埋设后装饰以及先上后下,先难后易的程序进行施工。列出项目、内容、进度计划图表。精细操作,妥善衔接,注重质量。备料务求齐全,施工要有准备,工具器械适用,确保工程如期完成。对于施工中出现计划未考虑的细节项目,应由双方现场商定,补充到计划中,以便追加费用,避免重修返工。

第七节 空间设计量房预算

口腔诊所业主与设计师沟通完之后,就进了量房预算阶段,业主带设计师到口腔诊所内进行实地测量,对口腔诊所的各个房间的长、宽、高以及门、窗、暖气的位置进行逐一测量,但要注意口腔诊所的现况是对报价有影响的,同时,量房过程也是业主与设计师进行现场沟通的过程,设计师可根据实地情况提出一些合理化建议,与业主进行沟通,能够为以后设计方案的完整性做出补充。

设计师根据业主的要求做好设计方案后就开始制定工装的概预算并作出报价单,业主最好先要了解一下概预算及报价的注意事项,这样才能和设计师讨论方案的可行性,及各部位的施工工艺,通过详细了解每一处施工的价格,来判断报价是否合理,做到心中有数,为签订最终的装修合同提供保证。

一、房屋现况对报价的影响

装修口腔诊所的基本状况,对装修施工报价也有较大影响,主要包括:

1. **地面** 无论是水泥抹灰还是地砖的地面,都须注意其平整度,包括单间房屋以及各个房间地面的平整度。平整度的优劣对于铺地砖或铺地板等装修施工单价有很大影响。

2. **墙面** 墙面平整度要从三方面来度量,两面墙与地面或顶面所形成的立体角应顺直,二面墙之间的夹角要垂直,单面墙要平整、无起伏、无弯曲。这三方面与地面铺装以及墙面装修的施工单价有关。

3. **顶面** 平整度可参照地面要求。可用灯光试验来查看是否有较大阴影,以明确其平整度。

4. **门窗** 主要查看门窗扇与柜之间横竖缝是否均匀及密实。

5. **诊室** 注意地面是否向地漏方向倾斜,地面防水状况如何,地面管道(上下水及暖水管)周围的防水,墙体或顶面是否有局部裂缝,水迹及霉变,治疗台上下水有无滴漏,下水是否通畅,现有牙科椅位置是否合理。

二、装修概预算

建筑装饰工程是建筑工程的重要组成部分,它包括内外装饰和设施。装饰工程应采用"定额量、市场价"一次包定的方式来确定装饰工程的概预算。

定额量:按设计图纸和概预算定额有关规定确定的主要材料使用量、人工工日。

机械费:按定额的机械费所测定的系数,计算调整后的机械费。

市场价:材料价格、工资单价,均按市场价计算。

由定额量、市场价确定工程直接费,并由此计算企业经营费、利润、税金等,汇总计算出工程的总造价。

装饰工程概预算是建筑单位和施工企业招标、投标和评标的依据,是建筑单位和施工企业签订承包合同、拨付工程款和工程结算的依据,是施工企业编制计划、实行经济核算和考核经营成果的依据。

装饰工程概预算编制依据、步骤及费用组成:

1. **编制依据** 施工图纸,现行定额、单价、标准,装饰施工组织设计,预算手册和建筑材料手册,施工合同或协议。

2. **编制步骤** 熟悉施工图纸;计算工程量;计算工程直接费;计取其他各项费用;校核;填写编制说明、填写封面、装订成册。

3. **费用的组成** 建筑装饰工程费用由工程直接费、企业经营费及其他费用组成。

直接费:直接费包括人工费、材料费、施工机械使用费、现场管理费及其他费用。

企业经营费:是指企业经营管理层及建筑装饰管理部门,在经营中所发生的各项管理费用和财务费用。

其他费用:主要有利润和税金等。

三、量房报价

装修公司收到用户的平面图之后,会由设计师亲自到现场度量及观察现场环境,研究用户的要求是否可行,并且获取现场设计灵感。初步选出一些材料样品介绍给用户,如果用户表示同意,设计师会进一步提供详细的工程图和逐项分列的报价单,这时用户要向装修公司提供准备采用的家具、设备资料,以便配合设计。

装修公司最后提供的图纸和报价单,应详细地表达清楚每个部位的尺寸、做法、用料(包括品牌和型号)、价钱等,例如不能用笼统一句"消毒组合柜一套"来概括详细项目;如果有些组合柜是由许多小组合柜组成的,用户应清楚这些小组合柜的型号、尺寸、相关配件等内容。

用户收到工程图和报价单后,一定要仔细阅读,查看业主所要求的装修项目装修公司是否已全部提供,有没有漏掉项目。多数情况下许多用户所关心的只是最后的一个总报价,而假若这个总报价并不包括用户所需要的项目,那业主将会承担部分的经济损失。

如果业主不清楚这件消毒组合柜做好后是什么样子,可要求装修公司提供该件消毒组合柜的立体图。存在疑问就要弄清楚,有不合适的地方就需要修改,直到认为满意为止。由洽谈到设计完成,中小型口腔诊所的设计时间通常需2~4周。

四、装修报价应注意事项

1. 报价要能显示出每个项目的尺寸,做法,用料(包括品牌、型号或规格),单价及总价。必须提供详细的做法、材料及样板。

2. 要留意所要求的装修项目是否漏报。

3. 报价单应包含什么,有的业主认为报价单就是报个价,看了报价单后先急忙与装饰公司讨价还价,争论不休,而这种观点和做法恰恰是错误的。一份完整与合格的报价单绝对不是简单报个价,它至少要包括以下方面有:①项目名称;②单价;③数量;④总价;⑤材料结构;⑥制造和安装工艺技术标准等。如果缺少以上6个方面中的任何一个,就不是一份合格与完整的报价单。

4. 报价单哪方面内容最重要,很多业主拿到报价单后首先要看的仅是价格一栏,报价低了就认为可以,报价高了就立刻砍价。其实,这样做也是错误的。如果价格没有与材料、制造或安装工艺技术标准结合在一起,或者说,报价单所报的价格没有注明使用的是何种材料或没有材料说明,同时也没注明材料产地、规格、品种等等,那么该报价就是一个虚数或者说是一个假价。所以说在报价单中最重要和最需关注的不是价格,而应是"材料结构和制造安装工艺技术标准"一栏。

5. 报价单是否含有水分,最简单的办法就是查看该报价单是否含有价格说明,有没有应该注明的"材料结构和制作安装工艺技术标准"这一项。以装修中最常见的消毒组合柜制作项目为例,目前市场报价包工包料最高价为780元 $/m^2$,最低价为 500 元 $/m^2$,差价如此之大,原因就在于制造工艺与使用材料的不同。有使用合资板的,有使用进口板的,在进口板中又分为台湾板、马来西亚板和印度尼西亚板。此外,夹板中又有夹层板和木芯板之分,而两者又有较大的价格差别。如果忽视制造工艺技术标准,没有弄清该衣柜是用多少厘米厚的板结构和使用什么品牌的油漆,刷几遍油漆等,又怎么能弄清价格的水分程度呢?

6. 判断预算报价的合理性 目前装饰工程的收费标准有两种:一种是根据北京市城乡建设委员会装饰工程预算定额收费。而另一种是根据中国建筑装饰协会制订的装修工程参考价格收费,它采取的是综合报价即将所有费用及利润等包括在内,不单项收费,目前装饰工程市场多采用此方法。

决定预算报价高低的几大因素:

(1) 材料的规格、档次;

(2) 房间设计功能;

(3) 施工队伍的选择,施工队伍资质的高低;

(4) 施工条件的好坏以及远近;

(5) 施工工艺的难易程度。

第四章

口腔诊所室内装潢

豪华的装修只是吸引客人的手段,韩国牙科诊所大部分半年要重新装修一次,环境足以媲美五星级饭店,因为这些诊所之间的竞争非常激烈。时尚的装饰代表了业主对完美和卓越品质的重视。有关装潢设计方面,首先要确定装潢类型,可分为简单、复杂和豪华装潢三种。多种材料的交织,常使整个空间舒适自然。"冷"(玻璃)、"暖"(地板)、"硬"(金属、石材)、"软"(布艺、纱帘)材料的交织缭绕,体现空间延伸之感。

无论哪种类型都要根据口腔医疗设备的配置而设计,在建筑设计阶段将医疗区与非医疗区区分之后,对医疗区方面更要进一步划分成口腔医疗空间、服务提供空间(如休憩区、咖啡座、收银台等)等,对于每个空间在装潢上还要考虑采取固定式或移动式,以配合在员工动线、病人动线上以及楼面的视觉上作规划。

室内设计包含以下内容:

1. **空间形象的设计**   就是对原建筑提供的内部空间进行改造、处理,按照人们对这个空间形状、大小、形象性质的要求,进一步调整空间的尺度和比例,解决各空间之间的衔接、对比、统一等问题。

2. **空间围护的设计**   主要是按照空间处理的要求对室内的墙壁、地面及顶棚进行处理,包括对分割空间的实体、半实体的处理。总之,室内空间围护体的装修,是对建筑构造体相关部位进行处理。

3. **陈设艺术的设计**   主要是设计、选择配套的家具及设施,以及对观赏艺术品、装饰织物、灯饰照明及室内绿化等进行综合艺术处理。

4. **物理环境的设计**   主要是室内气候、采暖通风、温湿度调节、视听音像效果等物理因素给人的感受和反应。其次就是装潢的施工,主要内容:①各楼层天顶、墙壁、柱子、地面色彩系列的运用要适应楼面与营业场所的变化;②对于天顶、墙壁、柱子、地面等装潢材料的使用以配合口腔医疗特性的表现;③地毯、陈列宣传栏等使用场合与色彩的决定,以适应医疗环境变化及气氛的塑造;④照明器材种类的决定及位置的配备,以充分发挥医疗环境整体的灯光效果;⑤室内装饰的缝隙越少越好,以减少清洁与消毒工作。此外,对于营业场所内意外事件的避难通路及安全消防设施,均必须配合设备设计实施。

总之,在口腔诊所的装潢设计上,有三点原则应予注意:①设计的个性化及标准化,在单店时可以考虑店铺的个性化,以强调特性,但如果成立连锁店时,则同时有必要考虑标准化,以建立整体口腔诊所印象;②低成本化,力求以最低的装潢成本,表现出最佳的整体效果;③无公害化,即做到使来口腔诊所的顾客及员工均有安全感,提供舒适的医疗空间。

口腔诊所在装潢时,经营者往往把注意力放在如何让诊所变得更宽敞,更能吸引顾客上,而忽视了人类生理学方面的知识,容易产生一些问题。店内装饰的配色也是一门专业的学问。装修后应该使职员和病人均能感觉到舒适。工作环境对工作人员的情绪有很大的影响。所以业主最好能够每 5 年做一次装修或改造。

构成口腔诊所设计的要素,装潢材料的性质、形状以及相互之间的配合,乃是决定口腔诊所空间特色的三大要素。由于地板、墙壁与天花板三者之协调互补性,才能使口腔诊所室内的空间具有特定的特征,产生一定的格调。根据建筑的格局形式,在设计中尊重原始建筑空间的风格,以简洁的设计手段,充分运用光、色、质的构成规律营造个现代、亲切并具有时代气息的口腔科医疗空间。

第一节 地板墙壁

一、地板

在室内与人接触最频繁的就是地板。若依材质来分,可分为硬、软两种。硬质地板有:瓷砖、石头、硬木的木制品及塑料地板。软质地板有:地毯、软木及橡胶制品。踏在硬质地板上面,会予人安全的感觉,且由于坚固,便于清洁打扫,一般适用于候诊区、诊疗区及 X 光区等;软质地板行走时有柔和的感觉,较具温馨感,比较适用于休息区、行政区、卫教区及咨询等区。同时要注意,在地面处理上,要尽量使用浅色材料,避免深色吃光现象,同时也能增进客厅内的光亮度。在地板的装修上要用不同的颜色划分出不同的卫生功能区域。

地板装饰讲究统一,切忌分割。前几年,人们常常喜欢给不同的区域地面赋予不同的材质和不同的"肤色"。表面上似乎很丰富,实际上容易产生凌乱感。

近年来,人们逐渐习惯于地面使用一种材质一种"肤色"处理,客观上能够达到较好的效果。

地面应平整,采用耐磨、防滑、耐腐蚀、易清洗、不易起尘及不易开裂的装饰材料。百级手术室可选用防静电、抗菌、防火、耐磨的橡胶地板或淡黄色PVC地板;千级、万级手术室可选用米黄色水磨石板或人造石地板。注意橡胶地板或人造石地板应与连同地面联成一体的阴角一并处理。墙面与成型铝板或塑铝板墙裙、防水矶理纹乳胶漆,做好接缝。水磨石宜用425号或以上水泥,石子粒径5~15mm,以防止开裂、掉石子、起砂。地面不宜设地漏,否则应有防室内空气污染措施,如设置高水封地漏。

踢脚线的设计是口腔诊室能否保持良好卫生条件的一个十分重要的环节,而且往往是容易被忽略的,建议踢脚线使用大理石或者特殊的瓷砖,这样在日后的打扫工作中,就不会弄脏踢脚线。

二、墙壁

墙壁的样式可分为构造壁和隔间壁两种。构造壁含有柱子,可用瓷砖、石头、木材、钢筋水泥砌成,它构成房屋的壁面;隔间壁与房屋外形构造无关,但它是决定口腔诊所空间格调与动线的重要因素,如果空间不足则可利用镜面改善(图4-1)。

宜采用轻钢龙骨隔墙,以利各种管线及墙上固定设备的暗装。面层应采用硬度较高、整体性好、拼缝少、缝隙严密的装饰材料。可用1150型彩色钢板,结合送风口、回风口、观察窗、嵌入式观片

图4-1 Dental 4 You Clinic 墙壁和地板
(Cosmetic Dentistry and Dental Implants by Chiangmai Dental Professionals in Thailand)

灯、器械柜、消毒柜、开关接口等,将墙面组合成整体,尽量减少凹凸面和缝隙。

墙面可内倾3°,不仅可减少积尘,而且可使光线反射的角度有利于医护人员操作。可选用奥地利产的WAX抗培特板——强化木板。无菌区墙面可采用600mm×600mm淡绿色瓷砖一通到顶。踢脚板宜凹进墙面1cm,并与地面成为一体,阴角半径为40mm圆角。通道两侧及转角处墙上应设二道防撞板。

三、天花板

口腔诊所内的天花板,为了避免回音的影响,适宜选用吸音率较高的材料,并可利用天花板的空间设置管线。天花板低的建筑物,必须应用色彩、灯光及材

料来消除它的压迫感。石膏可做成几何图案或花鸟虫鱼图案在天花顶四周造型。它具有价格便宜、施工简单的特点,只要和诊室的装饰风格相协调,效果也不错。

如果你的房屋空间较高,则吊顶形式选择的余地会比较大,如石膏吸音板吊顶、玻璃纤维棉板吊顶、夹板造型吊顶等,这些吊顶既美观,又有减少噪音等功能。如果需要布置、安装高效过滤送风口、照明灯具、烟感灭火器等,各种管线均应隐藏在顶棚内。可选用轻钢龙骨 600mm×600mm 乳白色彩钢净化板吊顶,暗缝用密封胶压条处理。天花顶面无影灯为暗装,可为二级顶面,二级顶两侧可采用电动轨道,自动开合,尽可能减少污染。天花顶也可用铝扣板吊顶。

第二节　色彩饰品

一、色彩

色彩是室内环境设计中最为生动、最为活跃的因素,甚至不需要聘请室内装修设计师,自己也可以选择吸引人的室内颜色,它们能吸引人们的目光并且创造价值。色彩对人引起的视觉效果还反映在物理性质方面,如冷暖、远近、轻重、大小等,这不仅是由于物体本身对光的吸收和反射不同的结果,而且还是由于存在物体间的相互作用关系所形成的错觉,色彩的物理作用在室内设计中可以大显身手。充分考虑医疗空间的特点,在贴近病人的内部,对材料的颜色和质地应进行精心的设计。既体现"以人为本"的设计思想,又降低今后的运营维护成本。令人心情平静的颜色有蓝色、绿色和浅米色等。候诊室属于等候休息空间,以沉稳的中间色为宜。诊查室、治疗室以能使人安定的咖啡色系为佳。但是病人若为儿童,就应该使用较为年轻、活泼的色调。

色彩对病人的心理影响作用是非常明显的,无论是国内还是国外的病人,也无论对口腔保健观念重视与否,几乎所有的人在迈进口腔诊所时都有程度不等的紧张和不安。正确合理地选用装饰色彩,可以在一定程度上缓解或消除病人的紧张感。因为色彩可以通过视觉心理作用机制影响人的感觉。据研究,蓝、绿和浅米色都有让人产生平和安静情绪的作用。反之,诊室的装饰色彩如果应用不当,不仅会对病人而且还会对医生产生不良作用,医生会很容易地感到疲倦劳累,工作效率降低,甚至还会出现头痛头晕等症状。

一些有个性化的诊所,通常是在色彩的选用上取胜的,而口腔医院或口腔科的装饰往往对此不够重视,几乎全是千篇一律的白色墙壁,加之就诊环境的凌乱嘈杂,很难使病人达到较好的就诊状态。因此,装饰口腔诊所时,墙壁颜色宜选用能使人心情舒畅的色彩,以低色调为底色,再搭配色彩亮丽的用具和富有对比效果的饰品,将使之成为一个易受病人欢迎的诊所。

大部分人们对颜色的反应是约略相同的,一般而言:

红色——激动　蓝色——寒冷

黄色——喜乐　品红——刺激

橘黄——活泼　紫色——沮丧

绿色——恢复精神

在最近的研究中,发现在口腔诊所候诊室的人们喜欢蓝至绿色范围内的色调;在红色房间中开会保持 3 小时,就如同 3.5 小时的会;而另外一组在淡蓝色的房间中进行 3 小时的会议,参与的人会感觉只有 2.5 小时。

候诊厅色调一般都采用较淡雅或偏冷些的色调。向南的候诊厅有充足的日照,可采用偏冷的色调,朝北的候诊厅则可以选用偏暖的色调。色调主要是通过地面、墙面、顶面来体现的,而装饰品、家具等则只起调剂、补充、点缀的作用。一般认为如果治疗区的光线较透亮,采用较冷色则可以减弱口腔医生的疲劳;而候诊厅则既要有不变的基调色彩,又要有因季节变换而变的动景(如画、装饰物)相配合,营造四季的自然风光。另外的问题就是统一色彩基调,背阴的候诊厅忌用一些沉闷的色调。由于空间的局限,异类的色块容易破坏整体的柔和与温馨。宜选用白桦饰面、枫木饰面、哑光漆家具,浅米黄色、柔丝光面砖,墙面若在不破坏氛围的情况下采用浅蓝色调,能突破暖色的沉闷,较好地起到调节光线的作用。

夏天,使用白色或浅蓝色的窗帘,会让人感觉室内比较凉爽。如果再配上冷色的室内装潢,就可以起到更好的效果。到了冬天,换成暖色的窗帘,用暖色的布做桌布,沙发套也换成暖色的,则可以使屋内感觉很温暖。暖色制造暖意比冷色制造凉意的效果更显著。因此,怕冷的人最好将房间装修成暖色。有实验表明,暖色与冷色可以使人对房间的心理温度感觉相差 2~3℃。

二、饰品

运用现代的装饰产品,配合精美品质的工艺加工手法,体现室内空间的精致典雅,用不同的暖色系搭配,使整体空间既统一又和谐。当店内要装潢时,墙壁颜色应使用让人心情宽松舒畅的色彩,以低色调为底色,再搭配色彩亮丽的道具和使用富有对比效果的饰品,这将使诊所成为一个受顾客欢迎的口腔诊所。室内、走廊挂上各种艺术画和装饰品,配以不同图案的地面,构成了典雅、和谐的就医环境,淡化了口腔诊所的感觉。装潢设施不能经常改变,但窗帘等装饰品和花卉却可以定期更换。

壁饰应做谨慎布置,画作与高质量的印刷品具有合宜的形象。可以安排当地艺术家在口腔诊所展出作品,他们也能因此获得较高的曝光率。附加利益是让口腔医师与艺术家皆获得宣传机会。画展开幕期间还能请媒体在地方报纸、电台与电视台加以报道。

口腔诊所织物包括窗帘、沙发蒙面、靠垫以及地毯、挂毯等。这些织物除了具有实用功能外,还可以增强室内艺术特点,调整室内装饰方面的不足,发挥其材料的质感、色彩和纹理的表现力,烘托室内的艺术气氛。选用织物应考虑与室内的环境相协调,要能体现室内环境的整体美。窗帘的悬挂方式很多,应根据房间的实际情况和装饰上的要求进行选择(图 4-2 和图 4-3)。

　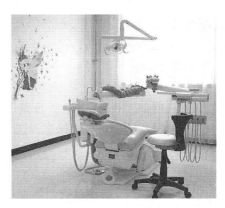

图 4-2　大连市沙医生口腔医院室内饰品　　图 4-3　北京张刚口腔门诊部室内饰品

候诊室地毯一般选用装饰性较强的工艺羊毛块毯来点缀会谈区,以强化空间区域和情调。沙发靠垫不仅有实际的功能作用,而且还可以对房间起到很好的装饰点缀作用,其形状一般以方形为多,常用棉、麻、丝、化纤等面料加工,用提花织物或印花织物制作,也可拼贴图案造型。靠垫的色彩和图案必须与室内的整体气氛相协调。

选择陈设工艺品可分为两类。一类是实用工艺品;一类是欣赏工艺品。实用工艺品包括瓷器、陶器、搪瓷制品、竹编等。而欣赏工艺品的种类则更多,诸如挂画、雕品、盆景等。工艺品的主要作用是构成视觉中心,填补空间,调整构图,体现口腔诊所空间的特色情调。配置工艺品要遵循少而精,符合构图章法,注意视觉效果,并与口腔诊所空间总体格调相统一。

第三节　绿植庭园

一、绿植

如果口腔诊所比较注重绿化,身旁自然会有绿色植物。一般来说,大叶的植物效果会比较好,口腔诊所工作台上也可以放一些小盆景。当眼睛疲劳时看一看,一来缓解眼疲劳,二来可以释放部分工作压力。但是有一点要注意,如果周边没有其他绿色植物配合,最好不要单独放仙人掌一类的针刺类植物。

口腔诊所放置绿萝是不错的一个选择,其生长旺盛,养护非常简单,绿油油的大叶子对美化和净化就诊环境效果也较好。绿萝只需要泡在水中就可以存活,所以可以用一只漂亮的杯子泡上几只,很容易就能感觉到到它的生长,显得生机勃勃。一般而言,在诊室角落摆放大型万年青之类的盆栽,能够比较容易地体现出欣欣向荣的气氛。盆栽要以常绿植物为宜,如万年青、九重葛等,如果有枯叶就要立即剪除。养植物不应任其枯萎,初春到来之时,可水养些富贵竹之类的植物,既美观又价廉,并且还有一定的开运效果。

当口腔诊所里出现这些绿色植物的时候,就诊病人就会相对地放松心情。在电脑前长时间工作后,若能将目光投向绿萝、万年青之类的植物,也会很容易地让自己的眼睛得到适当的休息,可谓是"养颜又养眼",一举两得!

二、庭园

庭园又称庭院,是建筑物前后左右或被建筑物包围的场地,通称为庭或庭院。口腔诊所外若有足够及适当空间,可设置花坛,应选择花期较长,栽培较容易且色彩明亮的花木栽培。院所外的景观,若能适当地应用盆景、造园的原理,将人以亲切、安全、温馨、充满生机的感觉(图4-4和图4-5)。

图4-4　北京华景齿科室内绿色植物　　图4-5　北京蓝钻石口腔诊所室内绿色植物

口腔诊室的玻璃橱摆满了形状各异的贝壳和珊瑚,走廊里摆放着各种艺术盆景、名画,再陪衬上最新式的口腔综合治疗台,使整个诊疗环境处处都能渗透出浓郁的人文关怀和文化底蕴。在这种美学氛围和人性化服务中,可以让病人在获得美感和艺术享受的同时,完成口腔医疗。

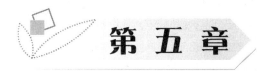

第 五 章

口腔诊所功能设计

那么如何创造一个高层次的情感健康的康复环境,如何使患者在就医过程中有一个令人愉悦和感觉温馨的空间,如何使医生保持一个平和的心态,如何体现对病人、医护人员的关怀,如何体现高效率、快节奏,同时又能尽量降低日常运行成本的口腔诊所,这是我们设计追求的目标。

口腔诊所按现代口腔医疗理念的要求,依照各区域的功能不同而分为治疗区、候诊区、挂号收费区、消毒室、医务人员休息区及走廊等。小型口腔诊所的治疗区被分隔为一个相对独立的诊疗区域。大型口腔诊所的每一个治疗区配置了1~2台口腔综合治疗台,配置一个专业间。这样便于病人的就诊,也便于物品的配送,口腔护士的配合及上级口腔医师的会诊。候诊区与治疗区相连,但有走廊相隔,每一候诊区都设有服务台,能够为病人就诊、咨询等提供服务。服务台人员按预约、挂号顺序安排病人的就诊,以维护候诊秩序。如果短时间内某一专科病人比较集中,服务台人员有责任、有权利协调各专科的医护人员,尽快在短时间内化解病人长时间候诊引发的矛盾。此外,在口腔诊所里,应将整体布局与各项设备、各种工作场地设计完善,让每个职能的员工都能充分发挥其特长,使病人得到最满意的服务。

在从事口腔诊所内部功能的设计时,必须考虑下列几项重点:①应先确定以谁为顾客目标;②依据顾客群的就诊经验,总结出对口腔诊所结构的期望;③了解哪些设计能加强病人对口腔诊所的信赖度以及降低情绪上的反应;④对于所构想的设计,应与竞争口腔诊所的设计进行比较,以分析彼此的优劣点。在重视口腔诊所外环境的同时,亦必须重视内部设施的合理布局与要求,从而总结出口腔诊所内部设计的基本要求。

口腔医疗环境是以人的"心理"为中介,通过生理——心理学机制而产生医学美感的,美学环境一旦被破坏,就会直接或间接地损害人的身心健康。医疗过程中口腔医师和病人的最高追求是康复,为达到这个目的,人们调动一切因素为康复服务,而口腔医疗环境的功能设计就是其中极为重要的一环。

由于时代的进步,以及病人水准的提升,现今的口腔诊所设计应抛弃以往给人冰冷、阴暗的感觉,尽量予人温馨、人性化、明亮、洁净且专业化的感觉。口腔诊所设计构成必须满足口腔诊所的功能,一个现代化且高效率的口腔诊所,若依"区域化"的理念来设计,就必须要拥有候诊室、挂号室、办公室、诊疗室和技工室等。口腔诊所的设施可分为四个主要功能中心:①接待中心;②教育咨询与挂号中心;③治疗中心;④付费与预约挂号中心。功能设计标准版本包括 14 个基本模块:招牌、门面、服务台、候诊区 / 儿童候诊区、诊疗区 / 儿童诊疗区、X 线室、咨询区、展示区、盥洗区、消毒区、办公区、研究区、物料区、休息区等(图 5-1)。所有模块都要求安放位置合理;设施颜色与周围环境相协调。

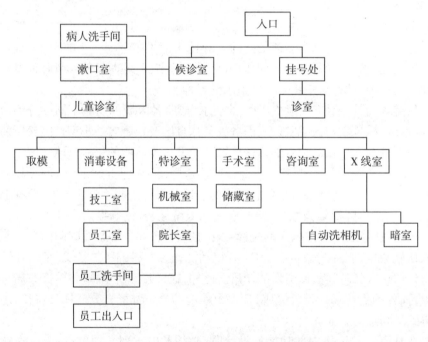

图 5-1 口腔诊所的功能设计构成图

这些是口腔诊所的基本功能,是病人咨询、完成诊疗与收取费用不可或缺的。口腔诊所内还有辅助性的功能中心,用以协助作业流程,它们包括:①清理补充站;②中央补给站;③业务中心。

在口腔诊所设计原则上,要遵循功能第一,形象第二的原则。再好的形象在经过了 2 年的诊所运转后,都会失去开始形象的新鲜性,而这个时候功能是否能起到良好的支撑效果,就是检验诊所设计好坏的标准了。

麻雀虽小,五脏俱全。口腔诊所作为医疗单位,本身就是一个卫生形象的窗口。除必要的功能分区如治疗区、候诊区外,还必须在结构上合理安排,做到清污分离、动静分离(清洁区与污染区相对分开、活动区与安静治疗区相对分开),最大程度地利用空间并保障正常医疗服务的有序进行。根据不同的环境作适当的调整和适应(图 5-2)。

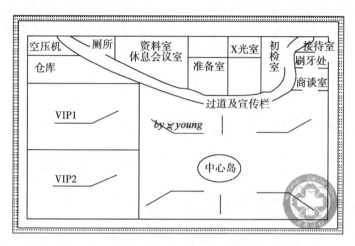

图 5-2　口腔诊所的平面设计构成图

第一节　引人注目的招牌

招牌是指挂在口腔诊所门前作为标志的牌子,主要用来指示口腔诊所的名称和记号,可有竖招、横招或是在门前牌坊上横题字号、或是在屋檐下悬置巨匾、或将字横向镶于建筑物上(图 5-3~ 图 5-6)。

口腔诊所的招牌应该有足够的大小,引人注目,甚至最好安装灯箱,晚上也能看到。招牌内容要清楚明了,让过往行人看了以后不易忘记。一个精美和专业性很强的招牌,往往可以吸引很多病人的注意,甚至将远处的病人也吸引到自己的口腔诊所。

招牌的功能是突显口腔诊所,使其易于辨认或寻找。口腔诊所的招牌,除了考虑企业识别体系(corporate identify system,CIS)的整体性要求外,亦应考虑到能见度、清晰度及美观等因素。

口腔诊所的诊疗范围,尤其是较为擅长的项目,如:人工植牙、美白牙齿、正颌外科、美容牙科、老人牙科或家庭牙科等较为特殊的,亦可适度地展现在招牌

图 5-3　口腔诊所的招牌（惠美佳口腔门诊部）

图 5-4　The Dental Center of South Bend, Indiana（招牌）

图 5-5　Dental Dynamic of Bethesda, MD（招牌）

图 5-6　上海蓝华口腔门诊的招牌

上，以达到广告的效应。

　　如果就病人如何知道我们的口腔诊所做个调查，很容易发现，招牌所起的作用是出人意料的。很多实例证明，在招牌制做方面所做的投资都是值得的。

第二节　清新的门面

　　门面指口腔诊所房屋及沿街的部分，也就是口腔诊所的外表。口腔诊所的门面外观既要同周围社会环境协调统一，又要有宣传吸引病人的作用，做到醒目让人容易找到是最起码的。如果周围环境一般，门面不宜装饰得过于豪华。口腔诊所门面的设计应着重整洁、清新、亮丽以及专业的特质（图 5-7~ 图 5-11）。

图 5-7　天津爱齿口腔门诊部门面

图 5-8　上海艾林口腔门诊部门面

图 5-9　阿联酋迪拜牙科诊所门面

图 5-10　Gentle Dental of Philadelphia, Pennsylvania（门面）

　　口腔诊所内部窗明几净、有条不紊，再辅以口腔护士亲切的微笑、招呼，以及口腔医师的专业解说，悉心照顾顾客，同时提升门面人气已经成了口腔诊所在竞争中生存的当务之急。国内目前多数口腔诊所门面的外观大体与美容店相仿，偏重于闹市区路边，大玻璃门窗，内外视线均无遮拦。这与口腔医疗场所的工作性质是否相符尚有待商讨，而且是否应该具备明确的专业场所的标志特征也是值得考虑的。

图 5-11　Cyber Dent of Glendale, CA(门面)

第三节　热情的服务台

　　服务台也称帮助台(helpdesk 或 service desk)其概念起源于传统服务业，最典型的应用就像酒店大堂的总服务台，来客无论是住宿、会议、活动、查询、退住等都可以在服务台获得相关服务。

　　服务台(reception area/front desk)是就诊病人与诊所接触的第一线，口腔诊所的服务台是整个诊所的精华。服务台主要负责接待、咨询、导医、叫号、病历管理、收费。病人首先会在服务台体会到口腔诊所的医疗与服务，因此应该首先传达给病人便利、舒适与轻松的讯息，让病人对这里的口腔医生产生良好的印象。口腔诊所前台／前厅是整个服务的开始，也是整个销售的开始，在与患者交流的5~10分钟的时间里还可以做许多事情，从中获取病人的肯定，并加强病人对日后治疗的信心。服务台的职能可分为以下几点：①传达对口腔医疗技术的信心，并且回答病人一些关于口腔保健方面的咨询；②慎重保管病人的口腔诊疗簿，从而能够迅速地寻找关于顾客过去的口腔医疗记录；③具有保管病人随身携带品和衣服的功能；④计算病人的医疗费用和收费；⑤安排口腔医疗技术人员的工作时间；⑥负责招呼候诊病人。

　　服务台一方面常常需要与病人联系；另一方面也需要注意工作人员的表现和周围环境的状况；同时，服务台还需要负责宣传方面的工作，这也是管理的关键所在。

　　将服务台设计成"灵感之所"，去除千篇一律的"候诊室"设计，挂上大幅漂亮的、镶有镜框的"治疗后"照片，这也是每一位求诊病人所希望看到的。接待台最好不要正对大门。

服务台台面宜设计为760mm高,为方便医患坐着交谈,可部分保留1100/760mm双层台面。综合布线应与服务台密切贴合。服务台台面可选用人造石材,内部胶板贴面。地面可用PVC可橡胶块材,也可采用防污地毯(图5-12~图5-14)。

图5-12　上海雅杰口腔门诊部服务台

图5-13　厦门亚欧齿科中心服务台

病历柜系统的设计方式有许多种,可按生日、姓氏、病历号码的先后顺序,或者按身份证号码或四角号码等区分,而其也各有利弊。需要注意方便性及外表美观(最好为隐藏式较佳),并应考虑安全性,避免潮湿、污染及虫咬。药柜的标识应清晰,如消炎药、止痛药、消肿药、止血药等应陈列整齐,抗生素与麻醉药品应上锁或特别收藏以防意外。

图5-14　上海恺宏口腔门诊部服务台和主题墙

"主题墙"是从公共建筑装修中引入的一个概念。它主要是指在口腔诊所的装修中,主要的空间如服务台、候诊区、门厅、业主办公室中,要有一面墙能反映整个口腔诊所或者业主自己的形象和风格。例如,在一个业主的门厅中,通常正对大门都有一面"影壁",上面一般都有业主的标志、名称,或者是口腔诊所的口号或其形象的标志等;在业主和主管办公室里,尤其是在办公桌背后或者是对面的墙壁上,经常可以看到反映这间办公室主人的"主题墙"。

借用"主题墙"概念到口腔诊所装饰领域,室内设计师就可以创造出一种崭新的装饰手法。简单点说,候诊区的"主题墙"就应是候诊厅中最引人注目的一面墙,一般是放置电视、音响的那面墙。在这面"主题墙"上,设计师常采用各种手段来突出业主的个性特征。

例如,利用各种装饰材料在墙面上做一些造型,以突出整个房间的装饰风格。目前使用较多材料如各种毛坯石板、木材等。另外,采用装饰板将整个墙壁"藏"起来,也是"主题墙"的一种主要装饰手法。

既然有了"主题墙",候诊区中其他地方的装饰装修就可以相对简单一些,做到"四白落地"即可。但是如果候诊区的四壁都成了"主题墙",就会使人产生杂乱无章的感觉。另外,"主题墙"前的家具也要与墙壁的装饰相匹配,否则也不能取得较好的效果。

第四节　温馨的候诊区/室

候诊区是口腔诊所中功能最多的一个地方,如会客、休闲小憩、观看电视等。而且,候诊区常常是最吸引"眼球"的场所:从沙发的摆放到电视机、音响的大小;从墙面的色彩到体现个性化的摆设。如果说诊疗区/室是口腔诊所的心脏,那么,候诊区就是它的灵魂,当治疗房间的数目增多时,接待候诊的空间也应该相应扩大。如果门外是露天的,则便需要设置休息室。候诊室内应设阅览架、音响装置、口腔保健宣传设施及接待台等,并应引进多媒体信息系统,设置电子显示屏发布公告。

70年代候诊区被称为"等候室",在口腔医生忙得团团转及等候室爆满的情形下,病人只能等候。口腔诊所的时间比病人的时间来得重要,因为随时都有求诊的病人。80年代人们才认知到消费者是商业的动力,因而口腔医疗消费者也开始受到应有的重视。"等候室"不再是求诊病人的收容处,尤其是对于具有一定审美能力的美容病人,因而在行动与态度上都应该采取主动。让病人从进入口腔诊所的那一刻起,就能感受到热情的气氛。

口腔诊所的候诊区/室(waiting room)应与诊疗区作分隔,候诊室应布置得像住宅的客厅,令病人有宾至如归的感觉。墙壁、椅、桌、柜等不适宜采用一律的白色,应在白色之中配置一些较祥和的颜色,例如绿色。候诊区是病人或病人亲属等候治疗的区域。病人治疗前的心理一般是比较紧张的,因此候诊区的色调应以宁静和温馨的颜色为主,可以使病人放松。客厅色调都采用较淡雅或偏冷些的色调。向南的客厅有充足的日照,可采用偏冷的色调,朝北客厅可以用偏暖的色调。色调主要是通过地面、墙面、顶面来体现的,而装饰品、家具等只起调剂、补充、点缀的作用。

宽敞明亮的候诊空间,墙上镶嵌大尺寸的电视,自带USB接口的电视机影视设备可播放电视广告片,播放口腔健康教育知识、医院简介、医生简介、收费标准公示、促销活动信息公示,或风光片、喜剧片等多项功能。也可以放一些与口腔医疗有关的资料和电视内容,使病人在诊疗前对口腔保健和治疗有所了解,可作为诊疗前的沟通。

温馨提示牌、活动展架、音乐播放系统、候诊区小网吧等应该予以合理运用。书报、杂志、电视、电话、音乐、美术灯、鱼缸、饮水机,甚至于为小孩子准备的儿童游乐区等,则可依口腔诊所自身的条件尽量地提供。候诊室周边应有洗手间,有条件的还应设立化妆台,供病人洗手或化妆用。

候诊室应该配备饮水机,如果可能的话,免费为顾客提供咖啡、可乐、雪碧、果汁、矿泉水等饮品则更好,更能显示出人性化的服务。准备一个饮料吧台,可提供优质咖啡、上等茶叶、热巧克力等。当然这也是要看门诊的定位和成本的。

候诊室设有沙发、茶几、鲜花或盆景;桌上摆放些鲜花,令病人在此环境候诊,心情会放松一些。有效的利用绿色植物来增添自然气息,能让候诊区充满生机。装修设计应以营造轻松气氛为基本,还可以考虑摆放鱼缸或小型瀑布、喷泉等。

候诊区必须在一定程度上体现主人的个性,好的设计师除了要顾及功能之外,还要考虑业主的生活习惯、审美观和文化素养等。候诊室可专门布置一面信任墙用来精心展示各个口腔医生的学位证书,参加过的主要学术课程或研究的证明,以及与导师的合影等等。让就诊病人能够一目了然,这是创造完美和卓越的又一个层面。

让病人享受现代化的口腔医疗与服务空间,提供持久的口腔医疗服务。可以将有漂亮笑容的图片用大的画框装裱,挂在候诊区。常规来说,一个诊所的候诊区的布置,最能打动别人的是,微笑图片或者是牙科古董;前者是齿科服务的直接利益点,后者则能让客户相信诊所丰富的经验以及渊博的知识。犹如步入了艺术馆和音乐厅。

候诊区 / 室内应该有适当的阅读资料:供病人阅读的书刊、画报、科普宣教手册、文摘,以及有关口腔健康教育的相关资料。并且还应该做到及时更新。不要在候诊区内放有房产、汽车、导游广告的杂志,因为这样在一定程度上是通过杂志为自己的竞争对手做广告。反之,则可以放一些关于当地历史、烹饪、幽默和美食方面的硬皮书。为了使病人感觉等待时间不太长,还可以在候诊区放置各种杂志和报纸、电视,方便翻阅和观看。候诊区不仅可以使病人通过口腔保健知识挂图和录像接受口腔保健教育,同时,亦可消除病人因候诊时间过长而引起的焦急与烦躁。

候诊区布置以宽敞为原则,最重要的是体现舒适的感觉。小空间的家具布置宜以集中为主,大空间则以分散为主。候诊区的家具一般不宜太多,根据其空间大小需要,通常仅考虑沙发、茶几、椅子及视听设备即可。沙发和茶几是候诊区待客交流的物质主体。因此,沙发选择好坏,舒适与否,对待客情绪和气氛都会产生很重要的影响。为此,选购沙发前,应对空间大小、摆放位置等需作详细分析。茶几是摆置盆栽、烟缸及茶杯的家具,亦是客人聚集时目视的焦点,因此茶几形式和色泽的选择既要典雅得体,又要与沙发及环境协调统一;使个性寓于共性之中,达到总体的协调一致。

候诊厅沙发的布置较为讲究,主要有面对式、"L"式及"U"式三种:最好不要采取走廊两侧面对面的候诊方式,以减轻陌生病人相互对视引起的心理负担。

1. 面对式 面对式的摆设使聊天的主人和客人之间容易产生自然而亲切的气氛,但对于在客厅设立视听柜的空间来说,又不太合适。因为视听柜及视屏位置一般都在侧向,看电视时,如果主座位也要侧着头,是有失妥当的。所以,目前流行的做法是沙发与电视柜相面对,而不是沙发与沙发面对。

2. "L"式 "L"式布置适合在小面积客厅进行摆投,视听柜的布置,一般在沙发对角处或陈设于沙发的对面。"L"式布置法可以充分利用室内空间,但连体沙发的转角处是不宜坐人的,因在这个位置坐着容易使人产生不舒服的感觉,也容易缺乏亲切感。

3. "U"式 "U"式布置是客厅较为理想的座位摆设。它既能体现出座位,又能营造出更为亲切而温馨的交流气氛。就我国目前的居住水平而言,一般家庭还较难拥有较大面积的客厅,因此,选用占地少而功能多的组合沙发最为合适,必要时可当卧床使用。如果家具是浅色的,效果就更好,可以使房间显得宽敞些。墙壁色调最好采用浅黄色、橙色等偏暖的色彩。从视觉上来看更容易给人以宁静平和的感觉。

在接待区应设置一个桌上型电脑既可以提供电脑游戏,还也可以上网。当电脑不用的时候,屏幕保护上则可以显示给病人健康教育材料和不同的口腔治疗过程。这样病人在接待区候诊时就可以观看。例如:瑞尔每家门店的等候区都有可以上网的电脑,这就是应客户需求装上的。

候诊室亦应有直接对外采光及通风的条件,这样可以给病人一个舒适的环境。在大型口腔诊所一个病人通常能在候诊室等候约1个小时左右,所以过于闭塞的空间就会增加病人不安的情绪(图5-15~图5-18)。

为了能使候诊室看起来显得大些,根据不同的情况现提供了5个建议:

1. 多用浅的颜色;

2. 让灯光自下而上柔和地照射在候诊室的天顶上,避免直接投射的灯光照在人脸上,这会很容易人产生空间局促感和压抑感;

3. 利用空间的死角,摆放小型家具;

4. 在墙面上相间地涂上两种浅暖色的线条,线条与平面平行,横线条由下部往上逐渐变窄;

图 5-15　上海艾林口腔门诊部候诊区

图 5-16　上海恺宏口腔门诊部候诊区

图 5-17　General Dentistry（Dr. Hisel）of Boise，Idaho（候诊室）

图 5-18　厦门亚欧齿科中心候诊室

5. 在入门对面的墙壁上挂上一面大镜子，可以映射出候诊室的景象，使候诊室能有扩大了一倍的感觉，或者是在狭长的房间两侧装上玻璃。

6. 另外，可依墙设计一排展示柜，既可充分利用死角，保持统一的基调，还能为展示口腔护理用品提供一个平台。

第五节　整洁的诊疗室

诊疗室为口腔诊所的最重要的区域，也是口腔医护人员诊治病人、操作口腔医疗设备的区域，为了提高诊疗效率，在进行诊室设计时，应考虑到诊疗方式、营运规模、口腔医疗设备等对设计的影响。紧凑而且高效率的诊疗房间设计能够明显提高口腔诊所的业绩，诊疗空间要恰到好处，不宜过大，应尽最大可能缩小诊疗室的空间。有效地组织房间结构以及三维的环境改造理论能够将一间有效的、舒适的、有魅力的诊疗室压缩在 5m 宽，这其中还包括墙的空间。集中整体的结构能够成比例地降低在每个房间的铅制品和电子设备的费用。由于诊疗室的有效设计,消毒可以变得真正中央化,彻底的感染控制是此区的设计重点。清洁人员也不需要在过道上去寻找医生,通常情况下这些空间以及经济上的节省费用是非常多的,足够我们再建立另一个诊疗室(图 5-19~ 图 5-22)。

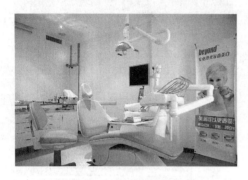

图 5-19　北京昊城口腔诊所诊疗室

图 5-20　河南赛思口腔医院诊疗室

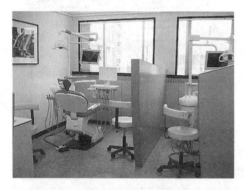

图 5-21　天津爱齿口腔门诊部诊疗室

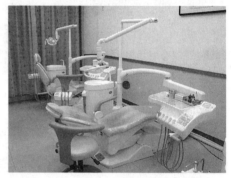

图 5-22　保定陈民口腔门诊部诊疗室

　　应根据诊疗室的具体情况,设计出合适的医疗柜,靠墙展示柜也应量身定做,以节约每一寸空间,同时能在视觉上保持清爽的感觉,显得自然光亮。

　　诊疗室是实际进行牙齿治疗的地方,也是口腔诊所的收入来源。重要的前提有三点:①病人的舒适与安全感;②无菌环境;③人体工效学。为保持诊疗室环境的清洁卫生,诊疗室应干燥,通风,不得暴晒治疗机,以防各种零件及连接管的老化。

　　门窗应采用防尘密封隔音效果优良的中空双层窗,亦可选用不锈钢或塑钢专用窗。门应采用自动感应式电动彩色钢板推拉门,并装有延时器,以避免诊疗中人员进出频繁而出现的"敞门作诊疗"的现象。

　　在口腔诊所空间设计上,使用半开放的隔间区分每个治疗椅位空间,以尊重每位病人就诊的隐私。病人的私事除了口腔医师可以知道外,都不想别人知道。例如:有不少妇女甚至不愿在丈夫面前摘下假牙,也有病人不想别人知道她口中的牙齿是假的。如果隔墙有耳,探问病历便有困难。如此设计就诊与候诊的病人间彼此就不会互相干扰,同时空间的大小也应合乎人性。诊疗室和候诊室的隔音必须完善。每一个诊疗室同一时间只为一个病人治疗。因为超过一个病人,其中一个因为恐惧而发出的声音会影响其他病人,导致其他病人本来不害怕也容易变得害怕。

德国牙医协会的规定在天花板和墙壁上挂风景画、装电视机,因为这可以改善牙医恐怖的形象。德国牙医协会 5 年前的一项调查显示,75% 的德国人害怕看牙。而研究发现,风景画和舒适的环境,能让人们在医生拔牙或者钻牙时,转移注意力,缓解疼痛。

每个诊疗室面积的大小取决于整个口腔诊所的总面积、设备的类型、病人及口腔医生的人数及其他特别要求等因素。然而,国外有学者认为标准的诊疗室大小为 3.1m×2.9m,有两个人时边台距诊疗椅扶手为 66cm,目的是医生能较容易地接近边台,避免触摸无关区域。诊疗室中每牙科治疗椅净使用面积不少于 6m²。牙科诊疗室的主要设备如下:牙科治疗椅、口腔医师和护士用椅、齿科用小橱、口腔医师及助理工作台、洗手池等。

第六节　安全的 X 线室

牙科 X 线机和口腔曲面断层 X 线机是口腔诊所必不可少的检查诊断设备。国外口腔诊所一般将牙片机设在牙科椅旁,但我国的卫生监督机构不允许。因此,口腔诊所必须按卫生监督部门规定的防辐射的要求,建立摄片室和洗片室。

一、摄片室

普通牙科 X 线机功率很小,一般电流为 0.5~10mA,焦点在 0.3mm×0.3mm~0.8mm×0.8mm 左右。墙面一般使用厚度为 0.5mm 的铅皮防护,铅当量 >1.0mmPb,建筑时将铅皮埋在墙内。也可使用标准的铅屏风。摄片室应邻近诊断治疗室,以提高工作效率。如果采用活动式的铅板房,只需容纳 1 个患者和 X 线机即可,X 线机的控制部分放在铅板房外的铅玻璃边,操作较方便。如果摄片室未安装防护墙,可设带有防护设施的控制室进行操作。

二、洗片室

有条件的诊所可装设数字化牙科 X 线机或数字化曲面体层 X 线机,病人照

X 线片后,通过 CCD 图像传感器接收,能在计算机上显示或可直接打印照片,并可通过网络系统传到口腔治疗台旁供医生使用,可以不设洗片室。

口腔诊所一般应配备牙科 X 片自动洗片机,可放在明室操作。如果受经济条件的限制,可设小型暗室为洗片用。暗室使用面积为 4~6m²,内设三个水池,可供显影、定影、漂洗用。由于室内温度和酸度较大,应安装换气设施,以保持空气流通。

暗室外应有一个明室,可用于配制药水、干燥胶片或整理已摄 X 线片。

第七节 活泼的儿童候诊区和诊疗室

儿童口腔医疗是口腔诊所很重要的项目,从设备到就诊环境都应该充分考虑到儿童的生理和心理特点,使儿童患者在轻松的环境中就诊。大型口腔诊所最好在候诊区设置一个"儿童乐园":放置一些图画书;电视播放一些迪斯尼动画片;准备一些游戏和玩具。使儿童感觉不是来看病的,而是来玩的。消除儿童口腔治疗前的恐惧。

沙发四周、茶几、电视前是最容易发生滑倒的地方,因此,应尽量选择柔软、无尖角的家具。如果可能,请为儿童留一个专用的游戏区,让他们能有个安全的活动范围。地板不要打蜡,以免滑倒,最好铺设安全地垫(PVC 材质),这样即使孩子们不小心跌倒,也不会受伤。铺设地毯时,下面最好加装止滑垫,以免地毯滑动,造成幼儿跌倒。规划好一个安全动线是非常重要的。应保证小孩接触不到有电线的设备。活泼、艳丽的色彩不仅有助于塑造儿童开朗健康的心态,而且还能改善室内亮度,形成明朗亲切的室内环境。身处其中,孩子能产生安全感。粉红、淡绿色、淡蓝色等都是很好的墙面装饰色彩,太过亮丽的色彩只适于局部的点缀,切勿大面积使用,否则会对孩子的健康不利。造型可爱、色泽鲜艳的小饰品可为居室带来活泼的气氛。

治疗儿童的口腔治疗室应该表现出对儿童的热情。视听娱乐材料应该包括针对儿童的内容。治疗后赠送的玩具或粘贴纸等小礼物也能很容易地使儿童患者高兴起来。

儿童口腔诊室环境的色彩一定要适应儿童生理特点,符合儿童审美情趣。根据我国国情,建议以下几点可作为实施意向:

1. 从观念上突破全白色固有模式;

2. 科室医护人员工作服色彩化、形式多样化,让医护人员更接近儿童母亲的形象;

3. 儿童口腔诊室的色调以能让儿童产生宁静、安全感的淡黄色、果绿色为

宜,这些色调较为接近自然环境;

4. 诊疗室布置应为家庭幼儿园化,诊疗室内可设置一些玩具、图书,有的还可放映录像,这些设置均有利于寓教于乐,进行形象的口腔健康教育。

与接待儿童相似的道理,如果我们要强调的服务对象是有孩子的家庭,是正畸治疗,那么太正规,太专业化的布置就不太适合了。口腔诊所可以比较随意,带有孩子气,但不能杂乱无章,不能陈旧脏乱。孩子们对任何具有刺激性的东西都会产生好感,色彩反差越大效果越好。

还可以在口腔诊所内放上特大的动物玩具,玩具不要太小,不要带危险性,因为孩子们可能会将抓到的东西塞到自己的嘴里,所以一定不要将小至可以塞到嘴里的东西放在候诊室(图5-23~图5-26)。

图 5-23　儿童诊疗室[来源:台湾一成牙醫診所]

图 5-24　天津爱齿口腔门诊部儿童候诊区

图 5-25　儿童诊疗室[来源:北京 IDC(International Dental Center)]

图 5-26　美国 Cosmetic & family dentistry 儿童候诊区

清洁的、保养好的玩具对孩子们来讲是必不可少的。但孩子们不大注意珍惜,所以要及时换掉破损的玩具。杂志和其他读物也要注意及时更换。不要让残缺不全的东西出现在诊所内。

儿童们对主题鲜明的游乐园和餐厅会产生极大的兴趣,这使他们对主题的价值有了新的认识。例如:加州有个正畸医生的口腔诊所内有两个诊室,布置的主题截然不同。一个主题是热带丛林,门口却布置成老虎口的样子;另一个主题是儿童游乐园。还有,美国有一个正畸医师在他宽敞的诊所四周涂上宽阔的果子汁色带,犹如彩虹,甚至比刻意画上去的彩虹效果更好。还有一个医师的候诊室的一侧布置成两层的娱乐场所,楼梯上铺了厚厚的地毯,以便儿童们在候诊室时能够安全地玩耍。还有些医师则选择马戏、魔术、迪斯尼等作为主题。

在候诊室内放置电视机,播放高质量的DVD,还可以在候诊时间为儿童解闷。有的时候,家长带了好几个孩子来看病。在一个孩子诊治时,家长又必须在旁边介绍孩子的病情,那么其他的孩子就不得不在候诊室等候,而这时如果不作出特殊的安排,这些孩子就有可能影响其他的候诊病人。在这种情况下,电视节目就会很好地解决这个问题,所以,应该在接待台准备好一些对儿童有吸引力的DVD。

家长们对那些令他们的孩子感到快乐的口腔诊所会表现出异乎寻常的忠诚。如果我们尽力创造条件让儿童们自我玩耍,不去影响别的病人,就可以避免许多问题的发生。

除此之外,接待中心还应该设有独立的娱乐区,以安置陪同父母看诊的青少年或幼童。此区应提供交互式的娱乐,例如任天堂与sega游乐器。交互式的娱乐比较容易能够让儿童产生长时间的兴趣。

第八节　安静的咨询室

大型口腔诊所应设计专门的咨询空间,咨询室又称为"健康教育区"。为了使每位病人能够了解自己的牙齿,在候诊区旁的咨询室,是每个初诊病人与口腔医师共同制订治疗计划的地方。病人的治疗计划、治疗过程及治疗费用,对于病人各式各样的问题,均可在此区详细地说明。应准备牙齿模型及解剖图谱,卫教数据,例如:传单、录像带、录音带、挂图、牙齿模型、牙科图谱及临床上所拍摄的牙齿治疗照片,以及立镜和照明设备,均为临床实用的说明工具。为了能与患者更好地沟通还应备有饮料、咖啡与点心等休闲茶点(图5-27和图5-28)。

若空间足够,尚可准备水槽及镜子以供病人练习刷牙以及牙线操作之用。

图 5-27 韩国伶俐口腔诊所咨询区　　图 5-28 北京东平口腔诊所咨询区

从咨询室里的多媒体医疗计划中可以看到由数字X光机直接发送到诊疗椅上的数字X光片以及相关数据。

通过这些信息科技,每个来到这里的病人,不再是坐在诊疗椅上盲目地接受由口腔医师选择的治疗,而是能够通过口腔医师专业的协助,进行详细的治疗说明,在治疗前就能让病人了解为何需要治疗,以及选择不同治疗方式的费用,能够达到的最佳治疗效果,甚至到治疗后如何做好口腔卫生保健,避免疾病的再度发生。"让每个牙齿的主人参与治疗的过程"是现代口腔诊所最大的特色。

当病人对口腔诊所的环境已经感到舒适放松之后,那么口腔诊所的下一项功能就是让病人了解现有质量最优的口腔医疗程序。必须要让病人感觉到这是最佳的治疗诊所。这样的教育咨询场所必须让人在无压力之下感到安全与隐秘。至于何谓最佳场所则不能确定,咨询室、口腔医师办公室、病人咨询室或诊疗室都是可以参考的场所。在开放式的空间中能够保持隐密感的有效方法,是在咨询室设置一片蚀刻玻璃窗。玻璃提供空间感与光线,蚀刻的部分则有隐蔽作用。要让病人热衷于接受治疗,就必须靠咨询中心培养病人对口腔医师的信心。在咨询室的墙上展示文凭、奖状与感谢信函,便能轻易达到这种效果。凡是关于口腔医师写过的文章、做过的演讲以及参加过的教育课程的详细内容,都应展示在咨询人员身后的墙上。

第九节　理性的研究区

大型口腔诊所内,可设一个充满理性的研究区,在墙壁上可贴一些学术图片。成立迷你型"图书馆",陈列员工们喜欢看的书籍、期刊、杂志等。有口腔医学的专业书籍,也可以有生涯规划、时间管理、人际沟通、压力管理、冲突管理、品味人生等自我成长系列的书籍期刊(图 5-29~图 5-32)。

图 5-29　北京东平口腔门诊部研究区

图 5-30　天津爱齿口腔门诊部研究区

图 5-31　General Dentistry（Dr. Hisel）
of Boise，Idaho（研究区）

图 5-32　Conference_Room（VA
North Texas Health Care System）

　　此外，口腔诊所平时诊疗病人所拍下的术前、术中、术后幻灯片及照片保存
簿、口腔宣教资料、影片、录音带、图片、幻灯机、影印机等，均可分门别类地在研
究区域陈列及收藏，以符合口腔诊所业务发展的需要。

第十节　方便的盥洗区

　　"洗手间是口腔诊所的形象"，洗手间的干净的程度，也显示出口腔诊所经
营者用心的程度。经营者不要只重视诊疗室和候诊室的布置和清洁卫生，而忽
视了洗手间。口腔诊所由于出入的人员多且复杂，所以洗手间的清洁及感染控
制的防范，便显得格外的重要。如果洗手间给人的印象不好，也很容易令病人反
感。过去，洗手间大多给人以脏乱的印象，但是现在，由于对洗手间的清洁维护
程度提高，使其功能也相应地提高了，对口腔诊所的业务也有很大的影响。如果
没有洗手间的设备，那么即使口腔诊所的病人数量多，也会导致病人的消费单价

低,因而出现劳动力负担过重的情况。所以,充分发挥洗手间的功能也是非常重要的。

　　洗手槽前可设置一面大的镜子,既可用来整肃仪容,又可增加亮度,延伸视觉空间。马桶有蹲式马桶及坐式马桶两种。若从卫生的角度来看,因蹲式马桶不和人肌肤直接接触,故较坐式马桶为佳。但对于行动不便及身体过于虚弱者,则采用坐式马桶较适合。

　　在解决视线干扰问题的前提下,提倡无门卫生间。设立专用清洁间,并使打扫工具从病员视线中消失。小便器,应避免上一步式。大便器,坐式更舒服,但要解决一次性自取垫纸;蹲式,要使便器与地面在同一平面。应有 2 个手纸套。洁具,在厕位隔断上安装扶手及挂钩,隔断要有一定的高度。洗手龙头、小便器、大便器应为感应式。烘手器以擦手纸为宜。应在视觉显著的地方设置洗手提示牌(图 5-33 和图 5-34)。

图 5-33　台湾 ABC 牙科联盟化妆室

图 5-34　Nathan Y. Li,Private practice,Los Angeles,USA 盥洗区

　　墙面可选用光洁块材,尽量减少宽缝。宜用专门填缝剂。也可采用背面烤漆的钢化玻璃。地面可用石材或地砖,500mm × 500mm 为佳,大块不宜排水。隔断可采用 MAX 板,现场组装。

　　洗手间的光线要充足,保持地面无积水和湿滑,空气要流通,经常有人巡视保持清洁,而不是只在每天开诊前和停诊后才去整理和打扫。蹲式和站式便器不易传染疾病。有些口腔诊所因为地方不够,只设蹲式一种,但是它对老年和伤残人士不适用。例如:就曾有病人令她的儿子先到口腔诊所作实地视察,了解上下楼梯是否方便,洗手间是否合适才决定是否来就诊,因为她必须用坐式便盒。一般老年人和糖尿病病人都有尿频现象。有时要在诊所进行两三个小时的治疗,因此也就要使用洗手间很多次。便器旁还须安装稳固的金属扶手以便老人和伤残人士使用。

第十一节　快捷的消毒区/室

消毒区亦称供应室,负责口腔诊所各种器材的清洗、打包、消毒,以供各诊疗室使用。空间的设计,要为消毒隔离、防止交叉感染(cross infection)创造良好的条件。口腔诊所是病人活动的场所,医疗废弃物、污水、污物、手术切除组织器官等均需要有良好及标准的处置方式。其建筑及室内布局应依照卫生部的相关规定与要求。灭菌和再供给区是临床工作终端的中心,将这块地区放置在中心地带,可充分地装备这两个区域并使其可以消毒和再存储所有的器械。假如准备创建一个大于 10 个牙科椅位的大型口腔诊所,不要考虑将消毒区的位置分散在多个地方,而是应该将消毒区放在中心(图 5-35 和图 5-36)。

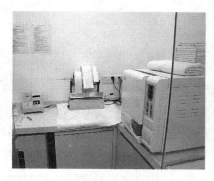

图 5-35　上海雅杰口腔门诊部消毒区　　图 5-36　天津雅尊齿科诊所消毒区

另一种是设在诊疗室的套间里,消毒室的使用面积一般为 8~10m²,其消毒物品可供 10 台口腔综合治疗台使用。消毒室内应安装换气、排尘装置,以保持室内清洁。室内要有水源和下水道,电源功率要在 30kW 以上。同时应注意消毒室的采光,因为有些小敷料的制作和配制药液要在此完成。

在消毒中费用节省的方法就是一个员工多久开动消毒循环一次。而不是每个单独的设备功能有多快。因此,效率最高的设备在达到最快速度时使器械返回到治疗区的时间很少快过一个组织良好的、高效的消毒中心。拥有一个正确的布局,使用起来顺手、持久,才是消毒中心购买的关键部分。

在最佳的口腔诊所设计中,消毒区的细节是非常关键的,被推荐使用的消毒设备,一般是较快和有较高效率的。口腔诊所最常采用的消毒器械及手机的方法为高温高压消毒锅(auto clave)法及化学药物浸泡法。消毒灭菌有高压蒸气消毒、煮沸消毒、气熏消毒、干热消毒和化学药液浸泡消毒等方法。对于所排出的蒸气宜适当排放,以免破坏周围设备。放置化学消毒水的消毒盒,亦应排列整齐,分门别类,并应填写消毒剂更新日期或有效日期,以确保消毒效果。对于小型口腔诊所则不应该浪费钱去预设一个消毒中心,如果这些中心过于紧凑,也不能够做到聘请全职消毒助手,则无法提供一个好的成本利润比率环境。

银汞合金是修补牙体缺损的重要材料,在调和过程中,有一定的汞蒸气散发,故调和银汞合金应在专设的场所进行,室内还应设有排气装备,以尽量减少室内的汞气。如无条件设置专室,则应在密封罩内进行调和与操作。若能选用银汞胶囊,则汞气泄漏就会较小。

(1)消毒室的设计标准:污染物与非污染物必须分隔;一次性用品使用后应进行初步消毒处理,然后再送往专门部门回收。

(2)手机及器械的消毒设备:包括清洗机、养护性注油机、安装封口机、高温高压灭菌器等。

(3)消毒室的环境:应采光明亮,安装换气、排尘、空气灭菌等装置,室内设有水池和下水道,下水道应与污水处理站接通。

第十二节　庄重的办公室

行政区办公室可以说是整个口腔诊所的指挥枢纽。各种口腔诊所内外管理方法,均可通过口腔诊所的规章制度予以有效规范并执行。近年来,企业界应用甚广的表格管理、颜色管理、数字管理,更是管理学的高度发挥。有访客、厂商或应征人员,可请助理"奉茶"。态度宜诚恳、热忱,而不是公式化。同样的一杯茶,态度的好坏给人的感觉可能却会有天壤之别(图 5-37 和图 5-38)。

图 5-37　上海雅杰口腔门诊部主任办公室　图 5-38　北京昊城口腔诊所医生办公室

第十三节　多彩的展示区

展示区展示的内容包括口腔护理用品、修复体成品、口腔医疗模型等三大类。①口腔宣教用品：如各式牙刷、牙间刷、牙线、牙膏、漱口水、牙菌斑显示剂、洁牙碇等；②修复体成品：如各式瓷牙、金属牙、人工植牙之成品或模型、全口活动义齿、局部活动义齿等；③口腔医疗模型：如恒牙及乳牙模型、牙周病、根管治疗及牙齿矫正模型亦可适度地进行展示（图5-39）。

图5-39　天津爱齿口腔门诊部口腔宣教用品展示区

第十四节　隐蔽的物料和机械房区／室

物料区又称为准备区或储存区，即贮存口腔诊所诊治病人所需物料及器材的地方（图5-40和图5-41）。

图5-40　天津爱齿口腔门诊部水处理系统　　图5-41　上谷爱齿口腔门诊部空气压缩机

口腔医疗所用的石膏及印模材料，在使用之后务必将开口处封好，以免材料因吸收水气而变质，使用石膏后应注意防止下水管被凝固的石膏堵塞。压缩机和抽气机若安装在技工室的操作台下，就会产生噪音和通风的问题。如果可能，最好将这些设备独立放置。

第十五节 休息区和更衣区

整齐一致的衣架、鞋架以及安全隐秘的空间可以说是本区的重点。若诊所空间足够,可提供给每位员工专用的储物柜用以放置个人物品。对于太贵重的首饰、纪念品及过多的现金,则不适合带到诊所。

如果诊所能够重视员工的人性化管理,大中型口腔诊所不妨设置一个员工休息室。医护员工在医疗区域工作的时间相对长,既劳心又劳力,所以很需要一个能舒缓心情及松弛身心的休息空间。医师和护士在不出诊时便可以在这里充分休息,这样就能使医师保持在一个良好的精神状态。具有一个能看书、泡茶、喝咖啡甚至睡个午觉的空间,应该是必不可少的。在休息室内摆放一些专业书籍、杂志、饮料、茶点,使医师和护士能够在休息之余补充多方供养,从而提高工作效率。

职工更衣室中应分别有放置清洁衣物和工作服的储柜。职工进餐休息室应与更衣室分开,放食物的冰箱不应存放工作物品。

第六章

口腔诊所动线规划

　　动线是建筑与室内设计的用语之一,意指人在室内室外移动的点,连合起来就成为动线。在商业建筑规划设计方面,动线是需要重点考虑的一个方面。对于商业动线,可以这样简单的理解:由点生线,一个脚印一个点、一串脚印一条线,这条线就是动线。口腔诊所为了实现能让消费者易接近且能够在其内消费的目标,其动线设计规划是十分重要的。动线布局是否恰当合理对审美设计的影响重大,动线规划在原则上要注意到整体性的和谐与效率,彼此间不应互相干扰,能够做到方便、省时、有效率,同时还应兼顾就医病人的隐蔽性及工作人员的安全性等。能够灵活应用口腔诊所的面积、减少死角等是动线规划的主要目的(图6-1)。

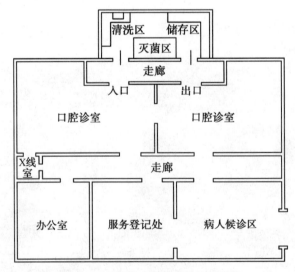

图6-1　小型口腔诊所功能分区动线

在口腔诊所动线设计时,要软硬结合。建筑设计是动线的骨架,室内空间设计是血肉。在建筑硬件没有硬伤的前提下,要注重室内空间设计对病人的引导作用。例如导示牌、店招、地面铺装、景观小品、颜色、照明以及业态布置等等,都会对病人起到引导作用。只有软硬结合的动线整体设计,才是好的动线。如果建筑本身存在一定问题,则空间设计可以在一定程度上化解此问题。

一个口腔诊所可根据其功能与作用,较完全地划分为候诊接待、诊疗、消毒准备、技工、X线诊断、机械、员工休息和盥洗等区室。候诊接待、诊疗及盥洗区是病人进入的区域,也是口腔诊所的主体部分。候诊处设在诊所的出入口附近,诊疗区紧邻候诊区,盥洗区与前述两者相接,方便病人使用。其余的部分均应该靠里边,病人没有必要进入,最好能有分隔墙将视线隔断,这样诊所整体看起来,就会显得整体化一,简洁明快,不琐碎零乱。

口腔诊所动线布局应充分考虑人流导航线路以及各个功能区域的划分。在整个设计中,应该将要放入设计的各个部分累计计算使用频率,设定各个功能部分的大小、数量等属性性因素,然后将功能性的部分同属性性部分进行连接,通过使用频率、使用几率、路线折返等等的限制参数,最终定出各个房间、接待、总体、候诊、X光室、消毒等的位置,并且将人员流动的路线控制到最节省,能够多利用交叉路线,少利用重复路线。因而在功能上最大限度地缩短病人的步行距离。大堂、电梯、通道、诊室等应设置简明、规律、统一的标识系统,为患者提供效果最佳的就医引导,为患者创造一个方便、快捷、顺畅的就医流程。

诊疗区是口腔诊所最重要的区域,以诊疗区为中心,病人到X光室的动线、到宣教区的动线、到盥洗区的动线等,以及医疗人员从诊疗区到消毒区的动线、到研究区的动线、到行政区的动线等,以及访客的动线,技工作业的动线、医疗废弃物收集、消毒到清除的动线等,如此便构成了口腔诊所的动线网络图。

接待台不要正对大门。诊所有关介绍要放置在患者能驻足的地方。介绍方案要按照病人行进的路线进行设计。工作人员能对所有接待区域进行监控。内部工作区域不能让患者看见。垃圾处理口的设计在位置上应方便护士的清扫,并且垃圾盛放的器皿也应精确定位。清洗区、清洁区、行政区要分清楚,并且在装修的表面通过使用不同颜色、式样、位置等方法,将上述的功能区区分开来。其中最难的则是位置上的设计。

整个口腔诊所的布局原则应该是一个安全有效的操作流程。如病人应从门诊接待咨询处直接进入治疗室,而不应经过消毒供应室。器械使用中心即消毒、供应室不应与治疗区相邻,也不能设置在病人经过的地方。消毒好的器械在供应过程中应减少交叉感染的可能。因此,消毒供应室应处于口腔诊所的中央并相对独立(图6-2)。

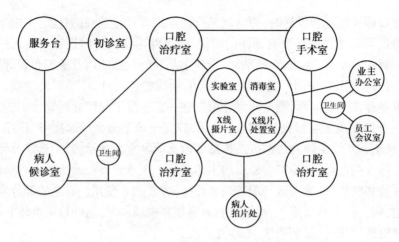

图 6-2　中型口腔诊所功能分区动线

　　口腔医生应该能够以最短的距离穿梭于手术室间而不影响病人。病人可以放松地就诊,不会被仪器、设备或医务人员打扰。设计各工作室之间的通道时,应尽量减低对医疗仪器、病人及口腔医生可能造成的干扰。多余的空间既无效也不经济。

　　在平面布局中应以功能为依据,综合考虑不同空间中人的行为因素,力求创造舒适、清新、高效的就医环境,并能赋予空间较高的艺术特色和口腔医疗空间特征。

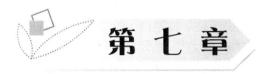

第七章

口腔医疗单元设计

　　诊疗室是口腔医师对就诊病人进行治疗的区域,必须是清洁、适温、无菌、无尘的。每个牙椅区都应尽量隔离开,以便医生和病人在治疗过程中不受干扰,保护病人的隐私。调好椅位使就诊病人能保持一个好状态,有助于减少就诊病人的痛苦。必要时,在天花板上可以设计成妙趣横生的漫画或一些美丽的图画,专供病人躺到诊疗椅上接受治疗时仰面欣赏,可以分散就诊病人的注意力,也能减轻治疗中的痛苦。当就诊病人进入治疗室时,用特殊材料制成的头枕和背垫能使牙椅特别舒适,这对老年病人和有背部疾病的就诊病人更重要。

　　人体工效学是将时间、空间与行动的效率提升至最高的一门学问,也一直是近几年来的热门话题。单元设计的概念相当重要,空间利用必须以最大的效率与生产力为考虑。

第一节　单元设计

　　口腔诊疗单元区域是口腔诊所中最重要的区域,因此"四手操作系统"(four hand technique)乃至于"六手操作系统"(six hand technique)是提高工作效率(efficiency)的关键。足够的医疗空间为首要考虑。需注意诊疗椅安置的方向及隐秘性,例如:病人尤其是穿裙子的女性病人躺下时,应避免对着门、走道、马路或洗手槽。病人从落地式的玻璃窗就可以看到流动的街景,以消除紧张情绪。没有门的治疗室可节约许多空间。走廊空间越少越好。有效地安排空间以达到最经济的利用是十分重要的。

口腔诊疗单元室中每台口腔治疗椅净占地面积不少于 6m²。口腔单元诊室的主要机器设备如下：口腔治疗椅、口腔医师和护士用椅子、口腔医疗小橱。

每个口腔单元诊疗室的面积的大小取决于整个口腔诊所的总面积、设备的类型、病人及口腔医生的人数及其他特别要求等因素。然而，国外有学者认为标准的治疗室大小为 3.1m × 2.9m，有两个入口，边台距诊疗椅扶手 66cm，目的是医生能较容易的接近边台，免于触摸无关区域(图 7-1)。

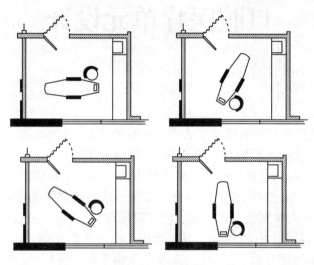

图 7-1　牙科椅位与就诊病人入口的位置

一、独立诊室（不开放式，欧式风格）

欧洲地广人少，口腔诊所多设独立诊室，各诊室间不直接相通。如为单独诊疗室则至少需 9m²，诊室设有前后门，前门与候诊大厅或走廊相通，后门则与医护人员专用通道相通。

病人就诊后前门可上锁，其他病人及医务人员则均不能进入，牙科助手输送治疗器械、材料以及上级医生会诊则可经专用通道进入诊室。这样就可以最大限度地减少其他病人或医务人员进出诊室对主诊医生和就诊病人的影响，避免医生或助手分心，导致不必要的医疗失误，也极大地保护了病人的隐私。缺点是一个口腔医师只能控制一个椅位，需要较多人力，动线复杂。国内口腔诊所一般将独立诊室设置为特诊室或复杂技术治疗室，固定资产成本相对较高(图 7-2)。

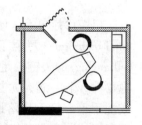

图 7-2　独立诊室（欧式风格）

二、隔断单独小间(半开放式,东南亚式风格)

口腔诊所所有的诊室都是隔断成单独的小间,各诊室间不直接相通。在隔断单独小间就诊的病人椅位时无法看见其他病人,保护了病人的隐私(图7-3)。

半开放式设计治疗室能增加病人的安全感与舒适感。通过入口通道来代替入门,更能增加空间感。不过每个单独小间仍应完全隔离开来,这样病人就不会有缺乏隐秘或被展示的感觉。开放的通道

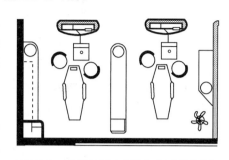

图 7-3　隔断单独小间(东南亚式风格)

让流动推车易于穿梭于治疗室之间,这些推车负责将高科技物品运至各个诊室(图7-4和图7-5)。

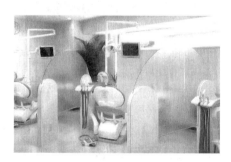

图 7-4　隔断单元大诊室
(Dr. Shishir Shetty.Karnataka, India)

图 7-5　隔断单元大诊室
(Dr. Shishir Shetty.Karnataka, India)

隔断单独小间设有开门,开门与候诊大厅或走廊相通,病人及医护人员可以进入,牙科助手输送治疗器械或材料以及上级医师会诊也可经开门进入诊室。有限度地减少了其他病人或医务人员进出诊室对主诊医师和病人的影响,避免医师或助手分心,一个口腔医师可控制2个椅位。既有独立诊室的隐私性,又有大诊室医护人员的便捷性。

三、大诊室(全开放式,日式风格)

日本人多地少,口腔诊所多设所有的椅位在一个大诊室,各椅位就诊病人之间可以看见,病人及医护人员进出非常方便,口腔科助手输送治疗器械或材料以及上级医师会诊也非常方便。一个口腔医师可控制多个椅位,十分节省用地和人力。但其他病人或医务人员进出诊室对主诊医师和病人会有影响,易造成医师或助手分心(图7-6)。

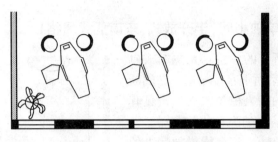

图 7-6　大诊室(日式风格)

大型诊疗室通常每台诊疗椅(dental unit)至少需 6m²;大诊室(日欧式风格),2 台综合治疗台的使用面积为 12~15 m²,2 台综合治疗台的间距应不小于 2m。国内口腔诊所多将大诊室用于拔牙、洁牙等技术简单,病人周转快的工作区域(图 7-7)。

图 7-7　日本高知县西川齿科医院诊室

第二节　口腔综合治疗台安装

口腔综合治疗台为诊疗室内的基本设备。为保障诊疗工作的顺利进行,口腔综合治疗台及其配套设施要求安装合理,室内的其他物品要求放置整齐,做到取放方便,并保证医务人员的活动空间。

一、供气形式

根据综合治疗台的数量,可以采用分散供气和集中供气两种形式。通常3 台综合治疗台以内的设 1 台小型空气压缩机,3 台以上者最好采用集中供气系统。

供气管置于地下,空气压缩机应远离诊疗室,以减少噪音,并应安装在环境干燥、通风良好的地方。选购无油空气压缩机,要求供气源无油、无水、无尘、无味及无菌。在口腔诊所,放置 3 台口腔科综合治疗台的诊断治疗室及相关配套设施所占空间约需 80m²。如相应扩大诊疗室的面积,则需按现有的标准设施与布局来确定承担口腔综合治疗台的配合工作量(图 7-8 和图 7-9)。

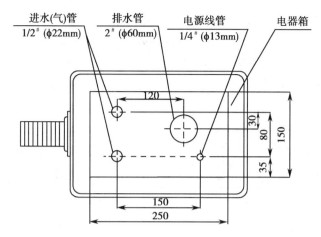

图 7-8　牙椅安装管口空间

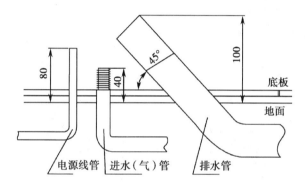

图 7-9　牙椅管口安装预留位置

二、牙科综合治疗台

综合治疗台的生产厂家不同,其机体的大小和安装也会有差异。欧美国家的产品较大,其动力源装在座椅前方,与牙椅连成一体;亚太地区的产品稍小,其动力源设在附箱内,常放在治疗台的左前方或椅底前部。但所有综合治疗台的管线高度应基本相同。

选择综合治疗台安装地基时,应注意充分利用自然光源,且牙椅应靠近窗户,以便医师在自然光下操作。另外,综合治疗台的台数还与水、电及气源的安装有关。若仅有 1 台综合治疗台,可直接接入水源;若有多台综合治疗台,其水源则可接在一起,在水源上装一个阀门,使用也较方便。气源可接至放置空气压缩机的地方。电源装在诊断治疗室的墙面上,每台机器均安装一个自动开关或漏电保护器。排水管直径应大于40mm。

无菌环境是口腔诊所的关键性要素,然而却尚未适当应用在治疗室的设计上。减少手术台的医疗柜空间,意味着工作结束后清理空间相对的减少。多数医疗柜都只放置过剩的纸制品与不再使用的旧器材。纸制品应放置于中央供给区或清理补充站。医疗柜内应仅放置在诊疗过程中经常使用到的材料,干净的仪器应该放在消毒区域(图 7-10~ 图 7-12)。

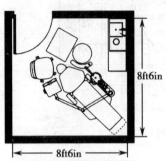

A型传递:越过病人的传递
为口腔医师和牙科助手设计
的固定推车传递装置

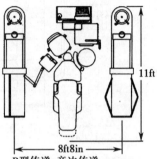

B型传递:旁边传递
口腔医师装置的固定于墙侧,
牙科助手推车放在12点钟方
向墙侧

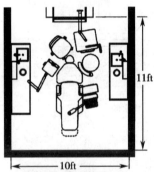

C型传递:旁边传递
口腔医师旁边传递装置和
牙科助手后部传递装置固
定于墙上

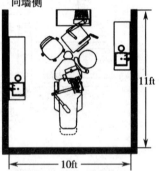

D型传递:越过病人的传递
口腔医师传递装置固定在
椅子上面,牙科助手的固
定在墙上

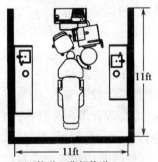

E型传递:背部传递
口腔医师和牙科助手双层推
车放在左右侧都行,12点钟方
向墙旁有移动托盘通道

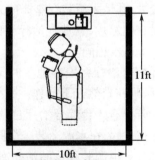

F型传递:卫主室
使用的仪器从固定在椅子
上的装置传递到口腔医师
左侧或右侧

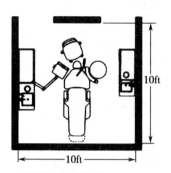

G型传递：旁边传递
口腔医师传递装置固定于墙上，
牙科助手的固定在椅子上

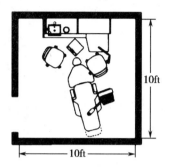

H型传递：背部传递
口腔医师和牙科助手传递装
置固定于墙上，并且和独立
的柜子连成一体

图 7-10　牙科单元牙科器械传递方式示意图（来源：Medical and Dental Space Planning）

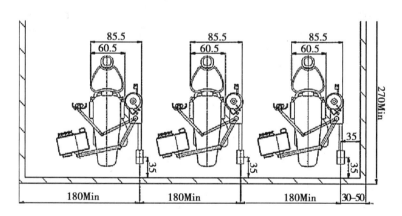

图 7-11　大诊室牙科综合治疗台安装空间

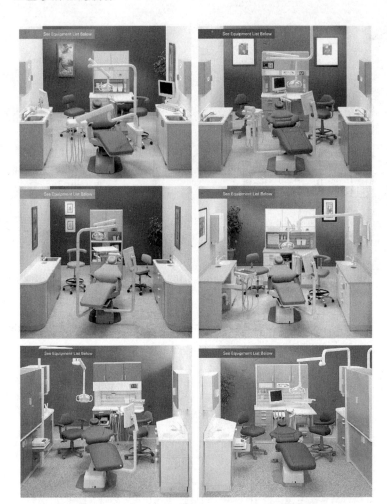

图 7-12　牙科单元空间模式（来源：Royal Dental Group of USA）

　　理想独立诊室允许员工自由移动，能够使工作效率达到量大，在这种基本布局下，口腔医师几乎可以选择任何一种方式进行器械传递。安装在椅子上的，安装在旁边的，安装在墙上的，或者在后面的手推车上的，整个房间的设计很灵活，既可以适应安装在椅子上的向左或向右都可以传递的方式，又可以适应助手从后面传递器械的方式，这种摆动可以同时从椅子的两边传递器械。手推车位置的变换可以方便地向口腔医生传递使用仪器，口腔医师也可以选择从后面的手推车上传递器械的方式从而使椅子上的传递闲置。注意，可选择的第二助手在口腔医生的右侧工作（图 7-13）。

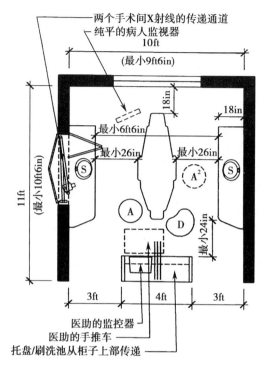

两个手术间X射线的传递通道
纯平的病人监视器

图 7-13 理想独立诊室安装空间(来源:Medical and Dental Space Planning)

第三节 间隔设计

一、员工设备家具的间隔

口腔单元诊室内的设备、医柜、器械等的相互间隔关系(物—物关系)应从以下方面考虑:①全部牙科椅的配置方式(并列、倾斜、圆形放置等);②特殊区域(如预诊、健康教育、简单检查等区域)的安排;③治疗台为中心,前后左右的空间距离。

口腔医师和设备、医柜等的间隔关系(人—物关系)应从以下方面考虑:①治疗时作业面的间隔应充分,水平位、椅坐位时口腔医师和辅助助手的动作间隔及与机器的位置关系应良好;②护士易于指导病人;③洗手台及口腔医师柜台的位置及距离关系良好。

二、员工和病人的活动空间

口腔医师和病人、护士等的相互活动空间(人—人关系)应从以下方面考虑:

①病人到牙科椅的路线与口腔医师护士的行动路线关系良好;②诊疗过程中,口腔医师、护士、辅助工、技工等的行动路线良好;③各自的移动距离应尽量短;④行动路线尽量单纯,不交叉重复。

三、员工和病人的视野范围

病人和口腔医师的视野范围应从以下方面考虑:①病人在移动和接受治疗的过程中,病人的视野范围内应没有引起患者紧张的机器和不清洁的东西;②病人相互间视线不交叉,病人的脸、脚尖等不宜正对出口;③口腔医师的视野范围最好只有病人及其周边;④除了上述三方面,口腔医师在治疗中应能看见诊疗室的全部,以方便指示护士、技工等,管理也更方便;⑤手术器械平时要收藏起来不要让病人看见,只有在手术时给病人胸前盖上治疗巾后才摆放出来。

第四节　口腔诊室柜设计

科技的发展已经渗透到口腔诊所的每个角落。当我们在宽敞明亮的诊疗空间.使用着世界最先进的口腔医疗设备,为患者提供优质口腔医疗服务时,那些陈旧落后、功能单一、消耗资源的口腔医疗台柜(dental cabinetry)与之形成了巨大的反差。主要设备与辅助设施相互间的日益不协调,已经引起口腔医务人员的广泛关注。口腔医疗台柜已是现代口腔诊所的必需产品之一,直柜、弯柜和各种特殊规格的诊室柜系列产品,使口腔诊所更美观、卫生,同时还使口腔医师和牙科护士的操作更方便、快捷。在配套的口腔医疗台柜设置方面,力求达到诊室的舒适、美观、清洁和多功能化。有人曾作过统计,在发达国家,口腔设备(综合治疗台、数字影像、技工加工设备等)和辅助设施(诊室边柜、技工台、操作台、通风柜)的平均投资比例是3:1。

口腔医疗台柜的设计突出要以以人为本的人性化设计,配合诊室布局、人体工程学原理及四手操作等方面的要求。力求在每个细部环节都能给人以周到、美观、舒适、贴切的感觉。多用非落地设计,以方便日后的打扫工作。专业的口腔医疗台柜不仅能提高团队的工作效率,还能延长使用仪器的寿命。口腔医疗台柜的材料应考虑耐用性、耐污染性、耐化学腐蚀等环保特点,如荷兰的千思板。装饰材料如环保型乳胶漆、地面铝制防静电地板、进口胶地板等。而钢化玻璃、高分子人造石台面及金属结构的应用.则体现了时尚与环保结合的新理念。口腔医疗台柜的制造工艺,无论是在主结构的焊接、配件的精密程度、配合间隙的匀密度、表面处理的细腻程度,都能充分体现出现代整体制造业的高水平。

口腔医疗台柜可分为固定器械台、移动器械台、器械柜。口腔医疗台柜的选

购和制作应注意以下问题：

1. 首先选购器械柜要看其铁皮用料,国家标准为 0.6、0.7 板材,有的厂商为谋取暴利,铁皮使用 0.5 甚至 0.4 的,这就直接关系器械柜的使用年限,购买的时候应多看几家,比对铁皮厚度。

2. 锁具,一般器械柜大多都配有锁具,而锁具也是大家选购时常常忽略的一点,一般厂家会使用铁芯锁具,好一点的使用铜芯的,这一点大家选购时要注意一点。

3. 抽屉滑道,正规厂商在器械柜抽屉制作过程中都采用双层金属滑杆,并加用防脱落功能,所以能使使用寿命大大延长。

4. 焊点,注意检查器械柜各个交接处的焊点,有无脱焊、漏焊、虚焊等情况,目测是否平整。

5. 扣手,一般选购一次冲压成型的扣手,使用方便而且美观,使用年限也相对较长。

6. 玻璃,目测玻璃通透度如何,是否影响观看效果,洛阳浮法玻璃效果比较好,其次要看其是否镶嵌牢固。可以轻度晃动加以检测。

7. 内层搁板厚度、承重力如何等都是选购的重要因素

8. 器械柜使用的舒适度,一般好的器械柜里面的隔层高度都是可以自由调节的,选购时要注意。

一、固定器械台

储柜中抽屉的数量及内容物应考虑到便于清洁及减少操作中的接触污染。抽屉的深度也很关键,如抽屉深度 <12.7cm 则较浅,难于存放器械包。储柜的高度以距地面 0.76m 为宜,并放在病人能看到的地方,使医生和助手均能较方便的使用消毒供应室的储柜,最好是 5.4~8.2m 内径大小,然后分成均等的两部分,以便更好消毒及存放器械。口腔治疗诊室的储柜应放在诊疗椅的两侧,以便医生和助手(护士)操作,也便于左手操作的医生工作。如此一来,便能够减少口腔治疗室的橱柜量,同时还能够增加手术室空间,并能让运输高科技仪器的流动推车更易于流通(图 7-14,图 7-15)。

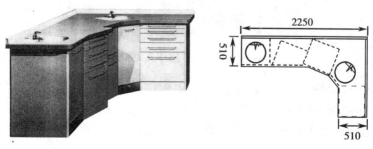

图 7-14　牙科器械台设计

美国学者 Dr.Beach 倡导"固有感觉诱导"（proprioceptive derivation，PD）理论。该理论的核心是以人为中心，按人的固有感觉规范一系列的操作姿势和体位。口腔综合治疗台放在诊室居中位置，通常口腔医师的工作范围在 8 点 ~12 点钟方向，因此在口腔综合治疗台的器械盘方向放置了一个医生侧边台。诊疗过程中护士主要活动区域为 2 点 ~5

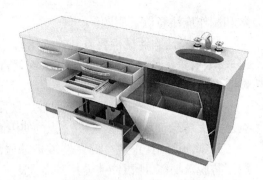

图 7-15　器械台（来源：武汉劳邦科技有限公司）

点方位。因此，在口腔综合治疗台的头枕方向则放置了一个护士侧边台。因此，口腔边台应该尺寸适中、布局合理。只有这样，各种口腔设备和器械才可以放置在传递、使用方便并且合理的位置，这样才能保证诊疗过程中医师、助手、患者移动身体各部位时均不受任何物体阻碍，使得诊疗活动始终处于一种和谐的环境之中（图 7-16）。

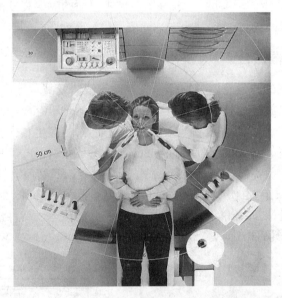

图 7-16　牙科诊疗操作姿势和体位

牙科固定器械台设计要适合每个医务人员的操作，患者口腔离器械边柜和操作台的间距在 1m 以内，能够方便手术，并达到无污染操作。总之，口腔诊所的固定器械台布局应考虑到合适的工作空间及口腔医疗设备等各方面（图 7-17）。

图 7-17　牙科器械柜(来源:陈民口腔门诊部)
A. 平面器械台;B. 架格器械台

二、固定器械柜

器械柜是一种放置办公用品、实验用具、医疗器械等物体的办公家具,产品大多为不锈钢结构,少部分为通体玻璃柜。器械柜美观、大方、使用方便,应用领域比较广泛,主要应用在口腔诊所的口腔医疗领域。采用组合设计,可方便每一位口腔医务人员的多功能需求,并可按电脑上的手术方案来进行全部手术。可设计为"L"型和"—"型,前后、左右各单体柜间可自由组合,以满足各种尺寸的要求及形状的要求。医生侧边台配有计算机操作区域、预约本抽屉以及病历本抽屉等,以方便医生诊治病人、书写病历。护士侧边台配有水盆、废物收集器、器械柜等,保证护士在第一时间能够做好配合工作(图 7-18~图 7-20)。

图 7-18　组合式边柜(来源:上海宣宇医疗器械有限公司)

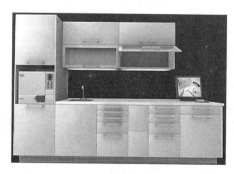

图 7-19　牙科器械柜(来源:武汉劳邦科技有限公司)

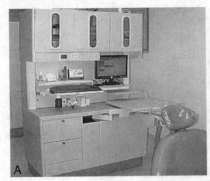

图 7-20 牙科器械柜（来源：My Dental Office，Deerfield Beach，FL 33442）
A. 单个器械柜；B. 组合器械柜

三、移动器械柜

移动器械柜,可随着每一位口腔医务人员的操作方便移动。我国已能生产出多种不同功能的移动柜体可供灵活自由的设计组合,用以满足口腔诊室不同大小和风格的需求。例如:上海宣宇医疗器械有限公司生产单体功能柜、全钢结构柜体、专业分类搁盘抽屉、内藏式抽屉轨道,多种规格、多种功能可供选择(图7-21~图7-23)。

图 7-21 单体功能柜(来源:上海宣宇医疗器械有限公司)

图 7-22　移动器械柜（来源：武汉大学口腔医院中心门诊）
A. 小移动器械柜；B. 大移动器械柜

图 7-23　移动器械柜（来源：武汉劳邦科技有限公司）

四、综合消毒柜

综合消毒柜是把口腔医生的需求作为关键的设计要素。采用一站式流水线作业，在灭菌、清洗及消毒全部过程中不仅能避免交叉感染，保证消毒工作的流畅，提高工作效率。无污染区和污染区用红色和蓝色分开，在避免交叉感染的过程中起到警示作用，从而能够更有效的规范操作，创造一个更安全，更高效的环境。

综合消毒柜采用有菌和无菌收纳方式，安全处理被污染的工具和材料，时刻保持台面清洁。有序的储存才能使工作井然有序避免错误操作从而发生感染。综合消毒柜的设计外形应美观、大方，可根据工作中实际的需求，选择颜色和进行功能设置。综合消毒柜可全部采用定做模式，根据口腔诊室消毒区域的大小和配置功能制作，有多种颜色可以选择（图 7-24 和图 7-25）。

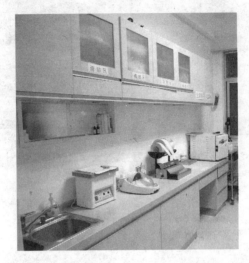

图 7-24　综合消毒柜（来源：北京昊城口腔诊所）

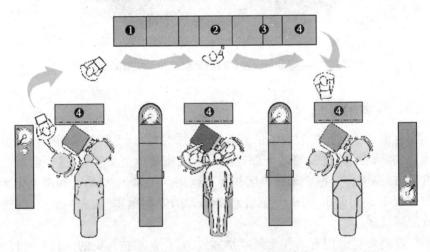

图 7-25　综合消毒柜和牙科单元动线

第八章

X 线摄影室设计

X线摄影是口腔医生临床治疗工作中,不可或缺的诊断依据。X线检查是口腔诊所临床常用的检查方法之一。在欧美国家,初诊的病人均须接受全口口腔 X 线牙片(apical film)共 14 张或一张全景 X 光片(panoramic film),以作为诊断或治疗的重要参考依据。X线摄影室为根尖片和全景 X 线射影设备设计。口腔 X 线摄影室最基本的组成部分是摄片室和洗片室,每个室内均应配备必要的设施。口腔 X 线机的安装应选择诊所内较偏僻的地点。至少有一面墙是承重墙,面积在 4m² 以上为好。选择少窗的房间,便于 X 射线的防护。安装时应避免 X 线机工作时指向门的方向。

第一节　摄　片　室

X 线摄影室是口腔诊所中不可或缺的一个组成部分。许多疾病的诊断和治疗都离不开 X 线摄影的帮助,但 X 射线对人体健康又有一定的危害。虽然现代牙科 X 线设备的性能已经大为改善,它们在工作中产生的射线已经降至很低的程度,但它们毕竟是对身体健康不利的。如果 X 线摄影室的设计和装潢不符合要求,在口腔诊所周边地区工作和生活的居民就可能因此而引发某些疾病,口腔诊所工作人员更有可能因为长期在这样的环境中工作而危害身体健康。因此,在进行 X 线摄影室的设计和装潢时必须认真仔细,不仅要考虑到对非从业人员的保护,更重要的是要加强对口腔诊所内部工作人员的保护。

普通口腔诊断所用的 X 线机功率很小,一般电流为 8~10mA,焦点在 0.8mm×0.8mm 左右。一台小型牙科 X 线机和口腔全景 X 线机,占地面积共 10m² 左右。墙面用铅板防护，一般使用 1~2mm 厚的铅皮，铅当量 >1.0mmPb，可在建筑时将铅皮埋在墙内，也可使用标准的铅屏风，但铅板的反射线对人体也有一定的影响。总之，摄片室要有防护设施，且尽量邻近诊断治疗室，以提高工作效率。门与门框间防护板应重叠，观察口铅玻璃制作，周围有铅板防护。机房外应设有工作指示灯控制器，并应置于机房外靠近观察口附近的区域。

如果采用活动式的铅板房，只需容纳 1 个病人和 X 射线机即可，X 线机的控制部分应放在铅板房外的铅玻璃边上，操作较为方便。如果摄片室未安装防护墙，可设一个带有防护设施的控制室进行操作。以一般口腔诊所 90KVP 的 X 光机为例，其四周水泥围墙的厚度，至少要有 7.5mm 厚，另加 1.2mm 厚的铅板，而 X 光诊疗室的门则需加 2.0mm 厚的铅板，再用木料将其固定，高度至少应有 3m 高。开放式的 X 光室，使患者摆脱了由于不熟悉的环境、密闭的空间而造成的紧张。

卫生部在 2001 年颁布了《放射工作卫生防护管理办法》，但文件中没有对口腔诊所 X 线摄影室的设计和装潢作出具体规定。参照国外的一些有关规定，现提出以下参考意见：

1. X 线机应有单独机房，一间机房内只能安放一台机器。现在，国外在口腔诊所安装 X 线摄影设备的时候，基本上是把牙片机安装在治疗室的口腔综合治疗台旁边。这样做能够极大地方便病人和医务人员的诊治，提高工作效率。但我国目前在政策上还不允许这样做，所以还只能够在口腔诊所内设计单独的 X 线摄影室，不应将 X 线机房置于检查诊断室内。

2. X 线机房的设置必须充分考虑到周围环境的安全，一般应设在建筑物的一端，以减少射线对口腔诊所及其他区域的影响。同样，X 线机房应该设在口腔诊所内人流比较少的区域。

3. 机房应有足够的使用面积，要保证操作人员与机器之间的距离不小于 2m。考虑到口腔诊所的实际情况，牙片机的机房使用面积一般不得小于 2m×2m，而带有侧位片的全景机房必须有 3m×3m 以上，顶棚高度不得低于 2.6m。

4. **机房防护屏障的设计** 摄影机房中有效线束朝向的墙壁应有 2mm 铅当量的防护厚度，其他侧墙壁应有 1mm 铅当量的防护厚度。如果诊所位于单层建筑内，天花板和地面有水泥就可以了，否则应该考虑在地面和天花板铺上 1mm 厚的铅板防止射线外泄。机房装潢时先在四周墙壁上打上木格栅，将铅板覆盖在上面，表面贴上石膏板并粉刷。

5. **铅板装修注意事项** 铅板与铅板的接缝要重叠，重叠宽度不应 <2cm；铅板与墙的接缝也要有重叠。穿过屏障的钉子和螺丝的穿孔处必须加以覆盖，以

保证该部的防护效果与未穿孔的屏障处相同。

第二节　洗　片　室

洗片室设在摄片室旁边,使用面积 2~4m²。内设两个水池,供漂洗时用。工作台上放置全自动洗片机或半自动洗片机和自动烘干箱。由于洗片室内的温度和酸度较大,所以应安装换气设施,以保持空气的洁净。洗片室内还应设一暗室,避免光线直接射入;在暗室外应设有一间明室,用以配制药水、干燥胶片、整理已摄牙片或放置自动明室洗片机。但是如果使用日光下的自动处理设备,暗室就可以省略了。

第三节　防护要求

X线摄影室空间重要的是满足防辐射的要求,依据设备厂商提供的维护结构铅当量选择铅板,将铅板复合在铝板背面。所有墙面除门和铅玻璃窗外,均可用色彩淡雅的铝板架空安装,注意固定螺丝孔防止防护漏洞,最好选择粘贴式。铅板门宜采用胶板装饰面,垂直方向一般无防辐射要求,可用铝扣板吊顶。

1. 受检者的防护要求

(1) 从事放射工作的医技人员必须对检查者邻近照射野的敏感器官和组织(如甲状腺和胸部等)做好屏障防护,被检查者应积极配合医生,自觉穿戴铅橡皮防护围裙。

(2) 摄片时,候诊受检病人不应停留在 X 线检查室内。X 线机在工作时,不得让候诊检查病人停留在 X 线机房内,也不要让受检病人随意推开机房大门。

(3) 陪伴家属不能进入 X 线检查室。曝光的时候,如果需要有其他人照顾病人或帮助握持 X 线片,这个人必须穿上防护围裙,并站立在一侧,避免受到射线直接照射;严禁孕妇与 18 岁以下青年扶持受检病人。

(4) 对育龄妇女腹部及婴幼儿的 X 线检查,应严格掌握适应证。对孕妇特别是受孕后 8~10 周期间,非特殊需要不得进行 X 射线检查。在没有进行认真考虑前不要对儿童或孕妇拍摄过多 X 线片或重复拍摄。

(5) 建立和健全 X 射线检查资料的登记、保存、提取和借阅制度,不得因资料保管不善及病人转诊等原因使受检病人重复检查,接受不必要的照射。没有明显的临床指征时不要拍摄 X 线片。

(6) 全景片操作时,按下开关后应该立即松开,防止球管停止转动时病人的局部曝光量过高。

2. 医务人员的自身防护要求

(1) 医用诊断 X 线机器及其防护、机房环境防护必须接受卫生防疫部门的监督和定期监测,测试报告必须妥为保管。机器应该以锥形筒来限制 X 射线束的大小,筒口应该与检查目的相适应。

(2) 熟练掌握放射技术与放射防护操作常规,严禁带故障操作,提高警惕,杜绝不正常的放射泄漏。任何进入控制区域的人员都应该是工作人员或按书面规定能够进入的人员,他们均应佩带放射线计数表,定期做体检。

(3) 放射射线并不是到达病人后就完全消失,射线会穿过病人,经过一定的距离才消失,或遇到了防护屏障(如砖墙)后才消失。在曝光的时候绝对不能够用手固定球管。操作人员必须站立在 2m 以外,用手控开关操作。如有控制台,操作人员应该站在台后,并能够通过铅玻璃看到病人。

(4) 如果机器有调节射线大小的功能,应该选用最小的实际工作剂量。曝光前将 X 线室的门关好。X 线胶片应该固定在适当位置,否则要请病人自己握持,绝对不应该由工作人员握持。

【案例】 口腔诊所放射防护计划书(可发生游离辐射设备登记备查类使用)

本计划依据台北市游离辐射防护法第七条暨其施行细则第二条规定制订

本院(诊所)由设施经营者负责维护辐射安全。

本院(诊所)从事放射防护工作人员均超过 18 岁。并依法具有操作可发生游离辐射设备或放射性物质之训练证明、就业执照或防射安全证书。

防射工作人员每年需接受至少三小时以上之防射防护教育训练,防射工作人员有接受该训练之义务。放射工作人员并应定期实施健康检查。检查项目依游离防射防护法施行细则第八条规定。

X 光室为管制区,管制一般人员进出。

本院之防射工作人员将配带人员剂量计,或以作业环境监测代之(每年以剂量佩章监测一个月)。其人员剂量计由主管机关所认可之人员剂量评定机构提供。

体格检查、健康检查及特别医务监护之记录,工作人员教育训练记录,保存十年。辐射安全测试报告,保存三年。

自核发登记证之有效日期起每届满五年前后一个月,应检送 1 机关(构)设立或登记证明文件,2 原领登记证复印件,3 最近三十日内之测试报告,4 最近五年内操作人员之训练记录等文件送主管机关审核。

X 光机转让、搬运、停用、永久停止使用均依「放射性物质与可发生游离防射设备及其防射作业管理办法」相关机关规定办理。

本计划书未尽事宜者均依游离防射防护法及相关法规处理。

设施经营者签名或盖章:日期: 年 月 日

【附件1】　放射性同位素与射线装置安全和防护条例

［来源:中华人民共和国国务院令第499号2005年9月14日公布,自2005年12月1日起实施］

第一章　总则

第一条　为了加强对放射性同位素、射线装置安全和防护的监督管理,促进放射性同位素、射线装置的安全应用,保障人体健康,保护环境,制定本条例。

第二条　在中华人民共和国境内生产、销售、使用放射性同位素和射线装置,以及转让、进出口放射性同位素的,应当遵守本条例。

本条例所称放射性同位素包括放射源和非密封放射性物质。

第三条　国务院环境保护主管部门对全国放射性同位素、射线装置的安全和防护工作实施统一监督管理。

国务院公安、卫生等部门按照职责分工和本条例的规定,对有关放射性同位素、射线装置的安全和防护工作实施监督管理。

县级以上地方人民政府环境保护主管部门和其他有关部门,按照职责分工和本条例的规定,对本行政区域内放射性同位素、射线装置的安全和防护工作实施监督管理。

第四条　国家对放射源和射线装置实行分类管理。根据放射源、射线装置对人体健康和环境的潜在危害程度,从高到低将放射源分为Ⅰ类、Ⅱ类、Ⅲ类、Ⅳ类、Ⅴ类,具体分类办法由国务院环境保护主管部门制定;将射线装置分为Ⅰ类、Ⅱ类、Ⅲ类,具体分类办法由国务院环境保护主管部门商国务院卫生主管部门制定。

第二章　许可和备案

第五条　生产、销售、使用放射性同位素和射线装置的单位,应当依照本章规定取得许可证。

第六条　生产放射性同位素、销售和使用Ⅰ类放射源、销售和使用Ⅰ类射线装置的单位的许可证,由国务院环境保护主管部门审批颁发。

前款规定之外的单位的许可证,由省、自治区、直辖市人民政府环境保护主管部门审批颁发。

国务院环境保护主管部门向生产放射性同位素的单位颁发许可证前,应当将申请材料印送其行业主管部门征求意见。

环境保护主管部门应当将审批颁发许可证的情况通报同级公安部门、卫生主管部门。

第七条　生产、销售、使用放射性同位素和射线装置的单位申请领取许可证,应当具备下列条件:

(一)有与所从事的生产、销售、使用活动规模相适应的,具备相应专业知识和防护知识及健康条件的专业技术人员;

(二)有符合国家环境保护标准、职业卫生标准和安全防护要求的场所、设施和设备;

(三)有专门的安全和防护管理机构或者专职、兼职安全和防护管理人员,并配备必要的防护用品和监测仪器;

(四)有健全的安全和防护管理规章制度、辐射事故应急措施;

(五)产生放射性废气、废液、固体废物的,具有确保放射性废气、废液、固体废物达标排放的处理能力或者可行的处理方案。

第八条　生产、销售、使用放射性同位素和射线装置的单位,应当事先向有审批权的环境保护主管部门提出许可申请,并提交符合本条例第七条规定条件的证明材料。

使用放射性同位素和射线装置进行放射诊疗的医疗卫生机构,还应当获得放射源诊疗技术和医用辐射机构许可。

第九条　环境保护主管部门应当自受理申请之日起20个工作日内完成审查,符合条件的,领发许可证,并予以公告;不符合条件的,书面通知申请单位并说明理由。

第十条　许可证包括下列主要内容:

(一)单位的名称、地址、法定代表人;

(二)所从事活动的种类和范围;

(三)有效期限;

(四)发证日期和证书编号。

第十一条　持证单位变更单位名称、地址、法定代表人的,应当自变更登记之日起20日内,向原发证机关申请办理许可证变更手续。

第十二条　有下列情形之一的,持证单位应当按照原申请程序,重新申请领取许可证:

(一)改变所从事活动的种类或者范围的;

(二)新建或者改建、扩建生产、销售、使用设施或者场所的。

第十三条　许可证有效期为5年。有效期届满,需要延续的,持证单位应当于许可证有效期届满30日前,向原发证机关提出延续申请。原发证机关应当自受理延续申请之日起,在许可证有效期届满前完成审查,符合条件的,予以延续;不符合条件的,书面通知申请单位并说明理由。

第十四条　持证单位部分终止或者全部终止生产、销售、使用放射性同位素和射线装置活动的,应当向原发证机关提出部分变更或者注销许可证申请,由原发证机关核查合格后,予以变更或者注销许可证。

第十五条　禁止无许可证或者不按照许可证规定的种类和范围从事放射性同位素和射线装置的生产、销售、使用活动。禁止伪造、变造、转让许可证。

第十六条　国务院对外贸易主管部门会同国务院环境保护主管部门、海关总署、国务院质量监督检验检疫部门和生产放射性同位素的单位的行业主管部门制定并公布限制进出口放射性同位素目录和禁止进出口放射性同位素目录。

进口列入限制进出口目录的放射性同位素,应当在国务院环境保护主管部门审查批准后,由国务院对外贸易主管部门依据国家对外贸易的有关规定签发进口许可证。进口限制进出口目录和禁止进出口目录之外的放射性同位素,依据国家对外贸易的有关规定办理进口手续。

第十七条　申请进口列入限制进出口目录的放射性同位素,应当符合下列要求:

(一)进口单位已经取得与所从事活动相符的许可证;

(二)进口单位具有进口放射性同位素使用期满后的处理方案,其中,进口Ⅰ类、Ⅱ类、Ⅲ类放射源的,应当具有原出口方负责回收的承诺文件;

(三)进口的放射源应当有明确标号和必要说明文件,其中,Ⅰ类、Ⅱ类、Ⅲ类放射源的标号应当刻制在放射源本体或者密封包壳体上,Ⅳ类、Ⅴ类放射源的标号应当记录在相应说明文件中;

(四)将进口的放射性同位素销售给其他单位使用的,还应当具有与使用单位签订的书面协议以及使用单位取得的许可证复印件。

第十八条　进口列入限制进出口目录的放射性同位素的单位,应当向国务院环境保护主管部门提出进口申请,并提交符合本条例第十七条规定要求的证明材料。

国务院环境保护主管部门应当自受理申请之日起10个工作日内完成审查,符合条件的,予以批准;不符合条件的,书面通知申请单位并说明理由。

海关凭验放射性同位素进口许可证办理有关进口手续。进口放射性同位素的包装材料依法需要实施检疫的,依照国家有关检疫法律、法规的规定执行。

对进口的放射源,国务院环境保护主管部门还应当同时确定与其标号相对应的放射源编码。

第十九条　申请转让放射性同位素,应当符合下列要求:

(一)转出、转入单位持有与所从事活动相符的许可证;

(二)转入单位具有放射性同位素使用期满后的处理方案;

(三)转让双方已经签订书面转让协议。

第二十条　转让放射性同位素,由转入单位向其所在地省、自治区、直辖市人民政府环境保护主管部门提出申请,并提交符合本条例第十九条规定要求的证明材料。

省、自治区、直辖市人民政府环境保护主管部门应当自受理申请之日起15个工作日内完成审查,符合条件的,予以批准;不符合条件的,书面通知申请单位并说明理由。

第二十一条　放射性同位素的转出、转入单位应当在转让活动完成之日起20日内,分别向其所在地省、自治区、直辖市人民政府环境保护主管部门备案。

第二十二条　生产放射性同位素的单位,应当建立放射性同位素产品台账,并按照国务院环境保护主管部门制定的编码规则,对生产的放射源统一编码。放射性同位素产品台账和放射源编码清单应当报国务院环境保护主管部门备案。

生产的放射源应当有明确标号和必要说明文件。其中,Ⅰ类、Ⅱ类、Ⅲ类放射源的标号应当刻制在放射源本体或者密封包壳体上,Ⅳ类、Ⅴ类放射源的标号应当记录在相应说明文件中。

国务院环境保护主管部门负责建立放射性同位素备案信息管理系统,与有关部门实行信息共享。

未列入产品台账的放射性同位素和未编码的放射源,不得出厂和销售。

第二十三条　持有放射源的单位将废旧放射源交回生产单位、返回原出口方或者送交放射性废物集中贮存单位贮存的,应当在该活动完成之日起20日内向其所在地省、自治区、直辖市人民政府环境保护主管部门备案。

第二十四条　本条例施行前生产和进口的放射性同位素,由放射性同位素持有单位在本条例施行之日起6个月内,到其所在地省、自治区、直辖市人民政府环境保护主管部门办理备案手续,省、自治区、直辖市人民政府环境保护主管部门应当对放射源进行统一编码。

第二十五条　使用放射性同位素的单位需要将放射性同位素转移到外省、自治区、直辖市使用的,应当持许可证复印件向使用地省、自治区、直辖市人民政府环境保护主管部门备案,并接受当地环境保护主管部门的监督管理。

第二十六条　出口列入限制进出口目录的放射性同位素,应当提供进口方可以合法持有放射性同位素的证明材料,并由国务院环境保护主管部门依照有关法律和我国缔结或者参加的国际条约、协定的规定,办理有关手续。出口放射性同位素应当遵守国家对外贸易的有关规定。

第三章　安全和防护

第二十七条　生产、销售、使用放射性同位素和射线装置的单位,应当对本单位的放射性同位素、射线装置的安全和防护工作负责,并依法对其造成的放射性危害承担责任。

生产放射性同位素的单位的行业主管部门,应当加强对生产单位安全和防护工作的管理,并定期对其执行法律、法规和国家标准的情况进行监督检查。

第二十八条　生产、销售、使用放射性同位素和射线装置的单位,应当对直接从事生产、销售、使用活动的工作人员进行安全和防护知识教育培训,并进行考核;考核不合格的,不得上岗。

辐射安全关键岗位应当由注册核安全工程师担任。辐射安全关键岗位名录由国务院环境保护主管部门商国务院有关部门制定并公布。

第二十九条　生产、销售、使用放射性同位素和射线装置的单位,应当严格按照国家关于个人剂量监测和健康管理的规定,对直接从事生产、销售、使用活动的工作人员进行个人剂量监测和职业健康检查,建立个人剂量档案和职业健康监护档案。

第三十条　生产、销售、使用放射性同位素和射线装置的单位,应当对本单位的放射性同位素、射线装置的安全和防护状况进行年度评估。发现安全隐患的,应当立即进行整改。

第三十一条　生产、销售、使用放射性同位素和射线装置的单位需要终止的,应当事先对本单位的放射性同位素和放射性废物进行清理登记,作出妥善处理,不得留有安全隐患。生产、销售、使用放射性同位素和射线装置的单位发生变更的,由变更后的单位承担处理责任。变更前当事人对此另有约定的,从其约定;但是,约定中不得免除当事人的处理义务。

在本条例施行前已经终止的生产、销售、使用放射性同位素和射线装置的单位,其未安全处理的废旧放射源和放射性废物,由所在地省、自治区、直辖市人民政府环境保护主管部门提出处理方案,及时进行处理。所需经费由省级以上人民政府承担。

第三十二条　生产、进口放射源的单位销售Ⅰ类、Ⅱ类、Ⅲ类放射源给其他单位使用的,应当与使用放射源的单位签订废旧放射源返回协议;使用放射源的单位应当按照废旧放射源返回协议规定将废旧放射源交回生产单位或者返回原出口方。确实无法交回生产单位或者返回原出口方的,送交有相应资质的放射性废物集中贮存单位贮存。

使用放射源的单位应当按照国务院环境保护主管部门的规定,将Ⅳ类、Ⅴ类废旧放射源进行包装整备后送交有相应资质的放射性废物集中贮存单位贮存。

第三十三条　使用Ⅰ类、Ⅱ类、Ⅲ类放射源的场所和生产放射性同位素的场所,以及终结运行后产生放射性污染的射线装置,应当依法实施退役。

第三十四条　生产、销售、使用、贮存放射性同位素和射线装置的场所,应当按照国家有关规定设置明显的放射性标志,其入口处应当按照国家有关安全和防护标准的要求,设置安全和防护设施以及必要的防护安全连锁、报警装置或者工作信号。射线装置的生产调试和使用场所,应当具有防止误操作、防止工作人员和公众受到意外照射的安全措施。

放射性同位素的包装容器、含放射性同位素的设备和射线装置,应当设置明显的放射性标识和中文警示说明;放射源上能够设置放射性标识的,应当一并设置。运输放射性同位素和含放射源的射线装置的工具,应当按照国家有关规定设置明显的放射性标志或者显示危险信号。

第三十五条　放射性同位素应当单独存放,不得与易燃、易爆、腐蚀性物品等一起存放,并指定专人负责保管。贮存、领取、使用、归还放射性同位素时,应当进行登记、检查,做到账物相符。对放射性同位素贮存场所应当采取防火、防水、防盗、防丢失、防破坏、防放射线泄漏的安全措施。

对放射源还应当根据其潜在危害的大小,建立相应的多层防护和安全措施,并对可移动的放射源定期进行盘存,确保其处于指定位置,具有可靠的安全保障。

第三十六条　在室外、野外使用放射性同位素和射线装置的,应当按照国家安全和防护标准的要求划出安全防护区域,设置明显的放射性标志,必要时设专人警戒。

在野外进行放射性同位素示踪试验的,应当经省级以上人民政府环境保护主管部门商同级有关部门批准方可进行。

第三十七条　辐射防护器材、含放射性同位素的设备和射线装置,以及含有放射性物质的产品和伴有产生X射线的电器产品,应当符合辐射防护要求。不合格的产品不得出厂和销售。

第三十八条　使用放射性同位素和射线装置进行放射诊疗的医疗卫生机构,应当依据国务院卫生主管部门有关规定和国家标准,制定与本单位从事的诊疗项目相适应的质量保证方案,遵守质量保证监测规范,按照医疗照射正当化和辐射防护最优化的原则,避免一切不必要的照射,并事先告知患者和受检者辐射对健康的潜在影响。

第三十九条　金属冶炼厂回收冶炼废旧金属时,应当采取必要的监测措施,防止放射性物质熔入产品中。监测中发现问题的,应当及时通知所在地设区的市级以上人民政府环境保护主管部门。

第四章　辐射事故应急处理

第四十条　根据辐射事故的性质、严重程度、可控性和影响范围等因素,从重到轻将辐射事故分为特别重大辐射事故、重大辐射事故、较大辐射事故和一般辐射事故四个等级。

特别重大辐射事故,是指Ⅰ类、Ⅱ类放射源丢失、被盗、失控造成大范围严重辐射污染后果,或者放射性同位素和射线装置失控导致3人以上(含3人)急性死亡。

重大辐射事故,是指Ⅰ类、Ⅱ类放射源丢失、被盗、失控,或者放射性同位素和射线装置失控导致2人以下(含2人)急性死亡或者10人以上(含10人)急性重度放射病、局部器官残疾。

较大辐射事故,是指Ⅲ类放射源丢失、被盗、失控,或者放射性同位素和射线装置失控导致9人以下(含9人)急性重度放射病、局部器官残疾。

一般辐射事故,是指Ⅳ类、Ⅴ类放射源丢失、被盗、失控,或者放射性同位素和射线装置失控导致人员受到超过年剂量限值的照射。

第四十一条　县级以上人民政府环境保护主管部门应当会同同级公安、卫生、财政等部门编制辐射事故应急预案,报本级人民政府批准。辐射事故应急预案应当包括下列内容:

(一)应急机构和职责分工;

(二)应急人员的组织、培训以及应急和救助的装备、资金、物资准备;

(三)辐射事故分级与应急响应措施;

(四)辐射事故调查、报告和处理程序。

生产、销售、使用放射性同位素和射线装置的单位,应当根据可能发生的辐射事故的风险,制定本单位的应急方案,做好应急准备。

第四十二条　发生辐射事故时,生产、销售、使用放射性同位素和射线装置的单位应当立即启动本单位的应急方案,采取应急措施,并立即向当地环境保护主管部门、公安部门、卫生主管部门报告。

环境保护主管部门、公安部门、卫生主管部门接到辐射事故报告后,应当立即派人赶赴现场,进行现场调查,采取有效措施,控制并消除事故影响,同时将辐射事故信息报告本级人民政府和上级人民政府环境保护主管部门、公安部门、卫生主管部门。

县级以上地方人民政府及其有关部门接到辐射事故报告后,应当按照事故分级报告的规定及时将辐射事故信息报告上级人民政府及其有关部门。发生特别重大辐射事故和重大辐射事故后,事故发生地省、自治区、直辖市人民政府和国务院有关部门应当在 4 小时内报告国务院;特殊情况下,事故发生地人民政府及其有关部门可以直接向国务院报告,并同时报告上级人民政府及其有关部门。

禁止缓报、瞒报、谎报或者漏报辐射事故。

第四十三条 在发生辐射事故或者有证据证明辐射事故可能发生时,县级以上人民政府环境保护主管部门有权采取下列临时控制措施:

(一)责令停止导致或者可能导致辐射事故的作业;

(二)组织控制事故现场。

第四十四条 辐射事故发生后,有关县级以上人民政府应当按照辐射事故的等级,启动并组织实施相应的应急预案。

县级以上人民政府环境保护主管部门、公安部门、卫生主管部门,按照职责分工做好相应的辐射事故应急工作:

(一)环境保护主管部门负责辐射事故的应急响应、调查处理和定性定级工作,协助公安部门监控追缴丢失、被盗的放射源;

(二)公安部门负责丢失、被盗放射源的立案侦查和追缴;

(三)卫生主管部门负责辐射事故的医疗应急。

环境保护主管部门、公安部门、卫生主管部门应当及时相互通报辐射事故应急响应、调查处理、定性定级、立案侦查和医疗应急情况。国务院指定的部门根据环境保护主管部门确定的辐射事故的性质和级别,负责有关国际信息通报工作。

第四十五条 发生辐射事故的单位应当立即将可能受到辐射伤害的人员送至当地卫生主管部门指定的医院或者有条件救治辐射损伤病人的医院,进行检查和治疗,或者请求医院立即派人赶赴事故现场,采取救治措施。

第五章 监督检查

第四十六条 县级以上人民政府环境保护主管部门和其他有关部门应当按照各自职责对生产、销售、使用放射性同位素和射线装置的单位进行监督检查。

被检查单位应当予以配合,如实反映情况,提供必要的资料,不得拒绝和阻碍。

第四十七条 县级以上人民政府环境保护主管部门应当配备辐射防护安全监督员。辐射防护安全监督员由从事辐射防护工作,具有辐射防护安全知识并经省级以上人民政府环境保护主管部门认可的专业人员担任。辐射防护安全监督员应当定期接受专业知识培训和考核。

第四十八条 县级以上人民政府环境保护主管部门在监督检查中发现生产、销售、使用放射性同位素和射线装置的单位有不符合原发证条件的情形的,应当责令其限期整改。

监督检查人员依法进行监督检查时,应当出示证件,并为被检查单位保守技术秘密和业务秘密。

第四十九条 任何单位和个人对违反本条例的行为,有权向环境保护主管部门和其他有关部门检举;对环境保护主管部门和其他有关部门未依法履行监督管理职责的行为,有权向本级人民政府、上级人民政府有关部门检举。接到举报的有关人民政府、环境保护主管部门和其他有关部门对有关举报应当及时核实、处理。

第六章　法律责任

第五十条　违反本条例规定,县级以上人民政府环境保护主管部门有下列行为之一的,对直接负责的主管人员和其他直接责任人员,依法给予行政处分;构成犯罪的,依法追究刑事责任:

(一) 向不符合本条例规定条件的单位颁发许可证或者批准不符合本条例规定条件的单位进口、转让放射性同位素的;

(二) 发现未依法取得许可证的单位擅自生产、销售、使用放射性同位素和射线装置,不予查处或者接到举报后不依法处理的;

(三) 发现未经依法批准擅自进口、转让放射性同位素,不予查处或者接到举报后不依法处理的;

(四) 对依法取得许可证的单位不履行监督管理职责或者发现违反本条例规定的行为不予查处的;

(五) 在放射性同位素、射线装置安全和防护监督管理工作中有其他渎职行为的。

第五十一条　违反本条例规定,县级以上人民政府环境保护主管部门和其他有关部门有下列行为之一的,对直接负责的主管人员和其他直接责任人员,依法给予行政处分;构成犯罪的,依法追究刑事责任:

(一) 缓报、瞒报、谎报或者漏报辐射事故的;

(二) 未按照规定编制辐射事故应急预案或者不依法履行辐射事故应急职责的。

第五十二条　违反本条例规定,生产、销售、使用放射性同位素和射线装置的单位有下列行为之一的,由县级以上人民政府环境保护主管部门责令停止违法行为,限期改正;逾期不改正,责令停产停业或者由原发证机关吊销许可证;有违法所得的,没收违法所得;违法所得10万元以上的,并处违法所得1倍以上5倍以下的罚款;没有违法所得或者违法所得不足10万元的,并处1万元以上10万元以下的罚款:

(一) 无许可证从事放射性同位素和射线装置生产、销售、使用活动的;

(二) 未按照许可证的规定从事放射性同位素和射线装置生产、销售、使用活动的;

(三) 改变所从事活动的种类或者范围以及新建、改建或者扩建生产、销售、使用设施或者场所,未按照规定重新申请领取许可证的;

(四) 许可证有效期届满,需要延续而未按照规定办理延续手续的;

(五) 未经批准,擅自进口或者转让放射性同位素的。

第五十三条　违反本条例规定,生产、销售、使用放射性同位素和射线装置的单位变更单位名称、地址、法定代表人,未依法办理许可证变更手续的,由县级以上人民政府环境保护主管部门责令限期改正,给予警告;逾期不改正的,由原发证机关暂扣或者吊销许可证。

第五十四条　违反本条例规定,生产、销售、使用放射性同位素和射线装置的单位部分终止或者全部终止生产、销售、使用活动,未按照规定办理许可证变更或者注销手续的,由县级以上人民政府环境保护主管部门责令停止违法行为,限期改正;逾期不改正的,处1万元以上10万元以下的罚款;造成辐射事故,构成犯罪的,依法追究刑事责任。

第五十五条　违反本条例规定,伪造、变造、转让许可证的,由县级以上人民政府环境保护主管部门收缴伪造、变造的许可证或者由原发证机关吊销许可证,并处5万元以上10万元以下的罚款;构成犯罪的,依法追究刑事责任。

违反本条例规定,伪造、变造、转让放射性同位素进口和转让批准文件的,由县级以上人民政府环境保护主管部门收缴伪造、变造的批准文件或者由原批准机关撤销批准文件,并处5万元以上10万元以下的罚款;情节严重的,可以由原发证机关吊销许可证;构成犯罪的,依法追究刑事责任。

第五十六条 违反本条例规定,生产、销售、使用放射性同位素的单位有下列行为之一的,由县级以上人民政府环境保护主管部门责令限期改正,给予警告;逾期不改正的,由原发证机关暂扣或者吊销许可证:

(一)转入、转出放射性同位素未按照规定备案的;

(二)将放射性同位素转移到外省、自治区、直辖市使用,未按照规定备案的;

(三)将废旧放射源交回生产单位、返回原出口方或者送交放射性废物集中贮存单位贮存,未按照规定备案的。

第五十七条 违反本条例规定,生产、销售、使用放射性同位素和射线装置的单位有下列行为之一的,由县级以上人民政府环境保护主管部门责令停止违法行为,限期改正;逾期不改正的,处1万元以上10万元以下的罚款:

(一)在室外、野外使用放射性同位素和射线装置,未按照国家有关安全和防护标准的要求划出安全防护区域和设置明显的放射性标志的;

(二)未经批准擅自在野外进行放射性同位素示踪试验的。

第五十八条 违反本条例规定,生产放射性同位素的单位有下列行为之一的,由县级以上人民政府环境保护主管部门责令限期改正,给予警告;逾期不改正的,依法收缴其未备案的放射性同位素和未编码的放射源,处5万元以上10万元以下的罚款,并可以由原发证机关暂扣或者吊销许可证:

(一)未建立放射性同位素产品台账的;

(二)未按照国务院环境保护主管部门制定的编码规则,对生产的放射源进行统一编码的;

(三)未将放射性同位素产品台账和放射源编码清单报国务院环境保护主管部门备案的;

(四)出厂或者销售未列入产品台账的放射性同位素和未编码的放射源的。

第五十九条 违反本条例规定,生产、销售、使用放射性同位素和射线装置的单位有下列行为之一的,由县级以上人民政府环境保护主管部门责令停止违法行为,限期改正;逾期不改正的,由原发证机关指定有处理能力的单位代为处理或者实施退役,费用由生产、销售、使用放射性同位素和射线装置的单位承担,并处1万元以上10万元以下的罚款:

(一)未按照规定对废旧放射源进行处理的;

(二)未按照规定对使用Ⅰ类、Ⅱ类、Ⅲ类放射源的场所和生产放射性同位素的场所,以及终结运行后产生放射性污染的射线装置实施退役的。

第六十条 违反本条例规定,生产、销售、使用放射性同位素和射线装置的单位有下列行为之一的,由县级以上人民政府环境保护主管部门责令停止违法行为,限期改正;逾期不改正的,责令停产停业,并处2万元以上20万元以下的罚款;构成犯罪的,依法追究刑事责任:

(一)未按照规定对本单位的放射性同位素、射线装置安全和防护状况进行评估或者发现安全隐患不及时整改的;

（二）生产、销售、使用、贮存放射性同位素和射线装置的场所未按照规定设置安全和防护设施以及放射性标志的。

第六十一条　违反本条例规定,造成辐射事故的,由原发证机关责令限期改正,并处5万元以上20万元以下的罚款;情节严重的,由原发证机关吊销许可证;构成违反治安管理行为的,由公安机关依法予以治安处罚;构成犯罪的,依法追究刑事责任。

因辐射事故造成他人损害的,依法承担民事责任。

第六十二条　生产、销售、使用放射性同位素和射线装置的单位被责令限期整改,逾期不整改或者经整改仍不符合原发证条件的,由原发证机关暂扣或者吊销许可证。

第六十三条　违反本条例规定,被依法吊销许可证的单位或者伪造、变造许可证的单位,5年内不得申请领取许可证。

第六十四条　县级以上地方人民政府环境保护主管部门的行政处罚权限的划分,由省、自治区、直辖市人民政府确定。

第七章　附则

第六十五条　军用放射性同位素、射线装置安全和防护的监督管理,依照《中华人民共和国放射性污染防治法》第六十条的规定执行。

第六十六条　劳动者在职业活动中接触放射性同位素和射线装置造成的职业病的防治,依照《中华人民共和国职业病防治法》和国务院有关规定执行。

第六十七条　放射性同位素的运输,放射性同位素和射线装置生产、销售、使用过程中产生的放射性废物的处置,依照国务院有关规定执行。

第六十八条　本条例中下列用语的含义:

放射性同位素,是指某种发生放射性衰变的元素中具有相同原子序数但质量不同的核素。

放射源,是指除研究堆和动力堆核燃料循环范畴的材料以外,永久密封在容器中或者有严密包层并呈固态的放射性材料。

射线装置,是指X线机、加速器、中子发生器以及含放射源的装置。

非密封放射性物质,是指非永久密封在包壳里或者紧密地固结在覆盖层里的放射性物质。

转让,是指除进出口、回收活动之外,放射性同位素所有权或者使用权在不同持有者之间的转移。

伴有产生X射线的电器产品,是指不以产生X射线为目的,但在生产或者使用过程中产生X射线的电器产品。

辐射事故,是指放射源丢失、被盗、失控,或者放射性同位素和射线装置失控导致人员受到意外的异常照射。

第六十九条　本条例自2005年12月1日起施行。1989年10月24日国务院发布的《放射性同位素与射线装置放射防护条例》同时废止。

【附件2】　放射诊疗管理规定

[来源:中华人民共和国卫生部令第46号 2005年1月24日公布,自2006年3月1日起实施]

第一章　总则

第一条　为加强放射诊疗工作的管理,保证医疗质量和医疗安全,保障放射诊疗工作人员、患者和公众的健康权益,依据《中华人民共和国职业病防治法》、《放射性同位素与射线装置安全和防护条例》和《医疗机构管理条例》等法律、行政法规的规定,制定本规定。

第二条　本规定适用于开展放射诊疗工作的医疗机构。

本规定所称放射诊疗工作,是指使用放射性同位素、射线装置进行临床医学诊断、治疗和健康检查的活动。

第三条　卫生部负责全国放射诊疗工作的监督管理。

县级以上地方人民政府卫生行政部门负责本行政区域内放射诊疗工作的监督管理。

第四条　放射诊疗工作按照诊疗风险和技术难易程度分为四类管理

(一) 放射治疗;

(二) 核医学

(三) 介入放射学;

(四) X射线影像诊断。

医疗机构开展放射诊疗工作,应当具备与其开展的放射诊疗工作相适应的条件,经所在地县级以上地方卫生行政部门的放射诊疗技术和医用辐射机构许可(以下简称放射诊疗许可)。

第五条　医疗机构应当采取有效措施,保证放射防护、安全与放射诊疗质量符合有关规定、标准和规范的要求。

第二章　执业条件

第六条　医疗机构开展放射诊疗工作,应当具备以下基本条件:

(一) 具有经核准登记的医学影像科诊疗科目;

(二) 具有符合国家相关标准和规定的放射诊疗场所和配套设施;

(三) 具有质量控制与安全防护专(兼)职管理人员和管理制度,并配备必要的防护用品和监测仪器;

(四) 产生放射性废气、废液、固体废物的,具有确保放射性废气、废物、固体废物达标排放的处理能力或者可行的处理方案;

(五) 具有放射事件应急处理预案。

第七条　医疗机构开展不同类别放射诊疗工作,应当分别具有下列人员:

(一) 开展放射治疗工作的,应当具有:

1. 中级以上专业技术职务任职资格的放射肿瘤医师;

2. 病理学、医学影像学专业技术人员;

3. 大学本科以上学历或中级以上专业技术职务任职资格的医学物理人员;

4. 放射治疗技师和维修人员。

(二) 开展核医学工作的,应当具有:

1. 中级以上专业技术职务任职资格的核医学医师;

2. 病理学、医学影像学专业技术人员,

3. 大学本科以上学历或中级以上专业技术职务任职资格的技术人员或核医学技师。

(三) 开展介入放射学工作的,应当具有:

1. 大学本科以上学历或中级以上专业技术职务任职资格的放射影像医师;

2. 放射影像技师;

3. 相关内、外科的专业技术人员。

(四)开展X射线影像诊断工作的,应当具有专业的放射影像医师。

第八条 医疗机构开展不同类别放射诊疗工作,应当分别具有下列设备;

(一)开展放射治疗工作的,至少有一台远距离放射治疗装置、并具有模拟定位设备和相应的治疗计划系统等设备;

(二)开展核医学工作的,具有核医学设备及其他相关设备;

(三)开展介入放射学工作的,具有带影像增强器的医用诊断X射线机、数字减影装置等设备;

(四)开展X射线影像诊断工作的,有医用诊断X射线机或CT机等设备。

第九条 医疗机构应当按照下列要求配备并使用安全防护装置、辐射检测仪器和个人防护用品:

(一)放射治疗场所应当按照相应标准设置多重安全联锁系统、剂量监测系统、影像监控、对讲装置和固定式剂量监测报警装置;配备放疗剂量仪,剂量扫描装置和个人剂量报警仪;

(二)开展核医学工作的,设有专门的放射性同位素分装、注射、储存场所,放射性废物屏蔽设备和存放场所;配备活度计、放射性表面污染监测仪;

(三)介入放射学与其他X射线影像诊断工作场所应当配备工作人员防护用品和受检者个人防护用品。

第十条 医疗机构应当对下列设备和场所设置醒目的警示标志:

(一)装有放射性同位素和放射性废物的设备、容器,设有电离辐射标志;

(二)放射性同位素和放射性废物储存场所,设有电离辐射警告标志及必要的文字说明;

(三)放射诊疗工作场所的入口处,设有电离辐射警告标志;

(四)放射诊疗工作场所应当按照有关标准的要求分为控制区、监督区,在控制区进出口及其他适当位置,设有电离辐射警告标志和工作指示灯。

第三章 放射诊疗的设置与批准

第十一条 医疗机构设置放射诊疗项目,应当按照其开展的放射诊疗工作的类别,分别向相应的卫生行政部门提出建设项目卫生审查、竣工验收和设置放射诊疗项目申请:

(一)开展放射治疗、核医学工作的,向省级卫生行政部门申请办理;

(二)开展介入放射学工作的,向设区的市级卫生行政部门申请办理;

(三)开展X射线影像诊断工作的,向县级卫生行政部门申请办理。

同时开展不同类别放射诊疗工作的,向具有高类别审批权的卫生行政部门申请办理。

第十二条 新建、扩建、改建放射诊疗建设项目,医疗机构应当在建设项目施工前向相应的卫生行政部门提交职业病危害放射防护预评价报告,申请进行建设项目卫生审查。立体定向放射治疗、质子治疗、重离子治疗、带回旋加速器的正电子发射断层扫描诊断等放射诊疗建设项目,还应当提交卫生部指定的放射卫生技术机构出具的预评价报告技术审查意见。

卫生行政部门应当自收到预评价报告之日起三十日内,作出审核决定。经审核符合国家相关卫生标准和要求的,方可施工。

第十三条 医疗机构在放射诊疗建设项目竣工验收前,应当进行职业病危害控制效果评价;并向相应的卫生行政部门提交下列资料,申请进行卫生验收:

(一)建设项目竣工卫生验收申请;

(二)建设项目卫生审查资料;

(三)职业病危害控制效果放射防护评价报告;

（四）放射诊疗建设项目验收报告。

立体定向放射治疗、质子治疗、重离子治疗、带回旋加速器的正电子发射断层扫描诊断等放射诊疗建设项目，应当提交卫生部指定的放射卫生技术机构出具的职业病危害控制效果评价报告技术审查意见和设备性能检测报告。

第十四条 医疗机构在开展放射诊疗工作前，应当提交下列资料，向相应的卫生行政部门提出放射诊疗许可申请：

（一）放射诊疗许可申请表；

（二）《医疗机构执业许可证》或《设置医疗机构批准书》（复印件）；

（三）放射诊疗专业技术人员的任职资格证书（复印件）；

（四）放射诊疗设备清单；

（五）放射诊疗建设项目竣工验收合格证明文件。

第十五条 卫生行政部门对符合受理条件的申请应当即时受理；不符合要求的，应当在五日内一次性告知申请人需要补正的资料或者不予受理的理由。

卫生行政部门应当自受理之日起二十日内作出审查决定，对合格的予以批准，发给《放射诊疗许可证》；不予批准的，应当书面说明理由。

《放射诊疗许可证》的格式由卫生部统一规定（见附件）

第十六条 医疗机构取得《放射诊疗许可证》后，到核发《医疗机构执业许可证》的卫生行政执业登记部门办理相应诊疗科目登记手续。执业登记部门应根据许可情况，将医学影像科核准到二级诊疗科目。

未取得《放射诊疗许可证》或未进行诊疗科目登记的，不得开展放射诊疗工作。

第十七条 《放射诊疗许可证》与《医疗机构执业许可证》同时校验，申请校验时应当提交本周期有关放射诊疗设备性能与辐射工作场所的检测报告、放射诊疗工作人员健康监护资料和工作开展情况报告。

医疗机构变更放射诊疗项目的，应当向放射诊疗许可批准机关提出许可变更申请，并提交变更许可项目名称、放射防护评价报告等资料；同时向卫生行政执业登记部门提出诊疗科目变更申请，提交变更登记项目及变更理由等资料。

卫生行政部门应当自收到变更申请之日起二十日内做出审查决定。未经批准不得变更。

第十八条 有下列情况之一的，由原批准部门注销放射诊疗许可，并登记存档，予以公告：

（一）医疗机构申请注销的；

（二）逾期不申请校验或者擅自变更放射诊疗科目的；

（三）校验或者办理变更时不符合相关要求，且逾期不改进或者改进后仍不符合要求的；

（四）歇业或者停止诊疗科目连续一年以上的；

（五）被卫生行政部门吊销《医疗机构执业许可证》的。

第四章 安全防护与质量保证

第十九条 医疗机构应当配备专（兼）职的管理人员，负责放射诊疗工作的质量保证和安全防护。其主要职责是：

（一）组织制定并落实放射诊疗和放射防护管理制度；

（二）定期组织对放射诊疗工作场所、设备和人员进行放射防护检测、监测和检查；

（三）组织本机构放射诊疗工作人员接受专业技术、放射防护知识及有关规定的培训和健

康检查;

（四）制定放射事件应急预案并组织演练;

（五）记录本机构发生的放射事件并及时报告卫生行政部门。

第二十条　医疗机构的放射诊疗设备和检测仪表,应当符合下列要求:

（一）新安装、维修或更换重要部件后的设备,应当经省级以上卫生行政部门资质认证的检测机构对其进行检测,合格后方可启用;

（二）定期进行稳定性检测、校正和维护保养,由省级以上卫生行政部门资质认证的检测机构每年至少进行一次状态检测;

（三）按照国家有关规定检验或者校准用于放射防护和质量控制的检测仪表;

（四）放射诊疗设备及其相关设备的技术指标和安全、防护性能,应当符合有关标准与要求。

不合格或国家有关部门规定淘汰的放射诊疗设备不得购置、使用、转让和出租。

第二十一条　医疗机构应当定期对放射诊疗工作场所、放射性同位素储存场所和防护设施进行放射防护检测,保证辐射水平符合有关规定或者标准。

放射性同位素不得与易燃,易爆,腐蚀性物品同库储存;储存所应当采取有效的防泄漏等措施,并安装必要的报警装置。

放射性同位素储存场所应当有专人负责,有完善的存入、领取、归还登记和检查的制度,做到交接严格,检查及时,账目清楚。账物相符,记录资料完整。

第二十二条　放射诊疗工作人员应当按照有关规定佩戴个人剂量计。

第二十三条　医疗机构应当按照有关规定和标准,对放射诊疗工作人员进行上岗前、在岗期间和离岗时的健康检查,定期进行专业及防护知识培训,并分别建立个人剂量、职业健康管理和教育培训档案。

第二十四条　医疗机构应当制定与本单位从事的放射诊疗项目相适应的质量保证方案,遵守质量保证监测规范。

第二十五条　放射诊疗工作人员对患者和受检者进行医疗照射时,应当遵守医疗照射正当化和放射防护最优化的原则,有明确的医疗目的,严格控制受照剂量;对邻近照射野的敏感器官和组织进行屏蔽防护,并事先告知患者和受挫者辐射对健康的影响。

第二十六条　医疗机构在实施放射诊断检查前应当对不同检查方法进行利弊分析,在保证诊断效果的前提下,优先采用对人体健康影响较小的诊断技术。

实施检查应当遵守下列规定:

（一）严格执行检查资料的登记、保存、提取和借阅制度,不得因资料管理、受检者转诊等原因使受检者接受不必要的重复照射;

（二）不得将核素显像检查和X射线胸部检查列入对婴幼儿及少年儿童体检的常规检查项目;

（三）对育龄妇女腹部或骨盆进行核素显像检查或X射线检查前,应问明是否怀孕;非特殊需要,对受孕后八至十五周的育龄妇女,不得进行下腹部放射影像检查;

（四）应当尽量以胸部X射线摄影代替胸部荧光透视检查;

（五）实施放射性药物给药和X射线照射操作时,应当禁止非受检者进入操作现场;因患者病情需要其他人员陪检时,应当对陪检者采取防护措施。

第二十七条　医疗机构使用放射影像技术进行健康普查的,应当经过充分论证,制定周密的普查方案,采取严格的质量控制措施。

使用便携式 X 射线机进行群体透视检查,应当报县级卫生行政部门批准。

在省、自治区、直辖市范围内进行放射影像健康普查,应当报省级卫生行政部门批准。

跨省、自治区、直辖市或者在全国范围内进行放射影像健康普查。应当报卫生部批准。

第二十八条 开展放射治疗的医疗机构。在对患者实施放射治疗前,应当进行影像学、病理学及其他相关检查,严格掌握放射治疗的适应证。对确需进行放射治疗的,应当制定科学的治疗计划,并按照下列要求实施:

(一)对体外远距离放射治疗,放射诊疗工作人员在进入治疗室前,应首先检查操作控制台的源位显示,确认放射线束或放射源处于关闭位时,方可进入;

(二)对近距离放射治疗,放射诊疗工作人员应当使用专用工具拿取放射源,不得徒手操作;对接受敷贴治疗的患者采取安全护理,防止放射源被患者带走或丢失:

(三)在实施永久性籽粒植入治疗时,放射诊疗工作人员应随时清点所使用的放射性籽粒,防止在操作过程中遗失;放射性籽粒植入后,必须进行医学影像学检查.确认植入部位和放射性籽粒的数量;

(四)治疗过程中,治疗现场至少应有 2 名放射诊疗工作。并密切注视治疗装置的显示及病人情况,及时解决治疗中出现的问题;严禁其他无关人员进入治疗场所;

(五)放射诊疗工作人员应当严格按照放射治疗操作规范、规程实施照射;不得擅自修改治疗计划;

(六)放射诊疗工作人员应当验证治疗计划的执行情况,发现偏离计划现象时,应当及时采取补救措施并向本科室负责人或者本机构负责医疗质量控制的部门报告。

第二十九条 开展核医学诊疗的医疗机构,应当遵守相应的操作规范、规程,防止放射性同位素污染人体、设备、工作场所和环境;按照有关标准的规定对接受体内放射性药物诊治的患者进行控制,避免其他患者和公众受到超过允许水平的照射。

第三十条 核医学诊疗产生的放射性固体废物、废液及患者的放射性排出物应当单独收集,与其他废物、废液分开存放,按照国家有关规定处理。

第三十一条 医疗机构应当制定防范和处置放射事件的应急预案;发生放射事件后应当立即采取有效应急救援和控制措施,防止事件的扩大和蔓延。

第三十二条 医疗机构发生下列放射事件情形之一的,应当及时进行调查处理,如实记录,并按照有关规定及时报告卫生行政部门和有关部门:

(一)诊断放射性药物实际用量偏离处方剂量 50% 以上的;

(二)放射治疗实际照射剂量偏离处方剂量 25% 以上的;

(三)人员误照或误用放射性药物的;

(四)放射性同位素丢失、被盗和污染的;

(五)设备故障或人为失误引起的其他放射事件。

第五章 监督管理

第三十三条 医疗机构应当加强对本机构放射诊疗工作的管理,定期检查放射诊疗管理法律、法规、规章等制度的落实情况,保证放射诊疗的医疗质量和医疗安全。

第三十四条 县级以上地方人民政府卫生行政部门应当定期对本行政区域内开展放射诊疗活动的医疗机构进行监督检查。检查内容包括:

(一)执行法律、法规、规章、标准和规范等情况;

（二）放射诊疗规章制度和工作人员岗位责任制等制度的落实情况；

（三）健康监护制度和防护措施落实的情况；

（四）放射事件调查处理和报告情况；

第三十五条　卫生行政部门的执法人员依法进行监督检查时,应当出示证件;被检查的单位应当予以配合,如实反映情况。提供必要的资料,不得拒绝、阻碍、隐瞒。

第三十六条　卫生行政部门的执法人员或者卫生行政部门授权实施检查、检测的机构及其工作人员依法检查时,应当保守被检查单位的技术秘密和业务秘密。

第三十七条　卫生行政部门应当加强监督执法队伍建设,提高执法人员的业务素质和执法水平,建立健全对执法人员的监督管理制度

第六章　法律责任

第三十八条　医疗机构有下列情形之一的,由县级以上卫生行政部门给予警告、责令限期改正,并可以根据情节处以3000元以下的罚款;情节严重的,吊销其《医疗机构执业许可证》。

（一）未取得放射诊疗许可从事放射诊疗工作的；

（二）未办理诊疗科目登记或者未按照规定进行校验的；

（三）未经批准擅自变更放射诊疗项目或者超出批准范围从事放射诊疗工作的。

第三十九条　医疗机构使用不具备相应资质的人员从事放射诊疗工作的,由县级以上卫生行政部门责令限期改正.并可以处以5000元以下的罚款;情节严重的,吊销其《医疗机构执业许可证》。

第四十条　医疗机构违反建设项目卫生审查、竣工验收有关规定的,按照《中华人民共和国职业病防治法》的规定进行处罚。

第四十一条　医疗机构违反本规定,有下列行为之一的,由县级以上卫生行政部门给予警告,责令限期改正;并可处以一万元以下的罚款：

（一）购置、使用不合格或国家有关部门规定淘汰的放射诊疗设备的；

（二）未按照规定使用安全防护装置和个人防护用品的；

（三）未按照规定对放射诊疗设备、工作场所及防护设施进行检测和检查的；

（四）未按时规定对放射诊疗工作人员进行个人剂量监测、健康检查、建立个人剂量和健康档案的；

（五）发生放射事件并造成人员健康严重损害的；

（六）发生放射事件未立即采取应急救援和控制措施或者未按照规定及时报告的；

（七）违反本规定的其他情形。

第四十二条　卫生行政部门及其工作人员违反本规定,对不符合条件的医疗机构发放《放射诊疗许可证》的,或者不履行法定职责,造成放射事故的,对直接负责的主管人员和其他直接责任人员,依法给予行政处分;情节严重,构成犯罪的,依法追究刑事责任。

第七章　附则

第四十三条　本规定中下列用语的含义：

放射治疗:是指利用电离辐射的生物效应治疗肿瘤等疾病的技术。

核医学:是指利用放射性同位素或治疗疾病或进行医学研究的技术。

介入放射学:是指在医学影像系统监视指导下,经皮针穿刺或插入导管做抽吸注射、引流或对管腔、血管等做成型、灌注、栓塞等,以诊断与治疗疾病的技术。

X射线影像诊断：是指利用X射线的穿透等性质取得人体内器官与组织的影像信息以诊断疾病的技术。

第四十四条　已开展放射诊疗项目的医疗机构应当于2006年9月1目前按照本办法规定，向卫生行政部门申请放射诊疗技术和医用辐射机构许可，并重新核定医学影像科诊疗科目。

第四十五条　本规定由卫生部负责解释。

第四十六条　本规定自2006年3月1日起施行。2001年10月23日发布的《放射工作卫生防护管理办法》同时废止。

【附件3】 放射工作人员职业健康管理办法

［来源：中华人民共和国卫生部令第55号2007年6月3日公布，自2007年11月1日起实施］

第一章　总则

第一条　为了保障放射工作人员的职业健康与安全，根据《中华人民共和国职业病防治法》（以下简称《职业病防治法》）和《放射性同位素与射线装置安全和防护条例》，制定本办法。

第二条　中华人民共和国境内的放射工作单位及其放射工作人员，应当遵守本办法。

本办法所称放射工作单位，是指开展下列活动的企业、事业单位和个体经济组织：

（一）放射性同位素（非密封放射性物质和放射源）的生产、使用、运输、贮存和废弃处理；

（二）射线装置的生产、使用和维修；

（三）核燃料循环中的铀矿开采、铀矿水冶、铀的浓缩和转化、燃料制造、反应堆运行、燃料后处理和核燃料循环中的研究活动；

（四）放射性同位素、射线装置和放射工作场所的辐射监测；

（五）卫生部规定的与电离辐射有关的其他活动。

本办法所称放射工作人员，是指在放射工作单位从事放射职业活动中受到电离辐射照射的人员。

第三条　卫生部主管全国放射工作人员职业健康的监督管理工作。

县级以上地方人民政府卫生行政部门负责本行政区域内放射工作人员职业健康的监督管理。

第四条　放射工作单位应当采取有效措施，使本单位放射工作人员职业健康的管理符合本办法和有关标准及规范的要求。

第二章　从业条件与培训

第五条　放射工作人员应当具备下列基本条件：

（一）年满18周岁；

（二）经职业健康检查，符合放射工作人员的职业健康要求；

（三）放射防护和有关法律知识培训考核合格；

（四）遵守放射防护法规和规章制度，接受职业健康监护和个人剂量监测管理；

（五）持有《放射工作人员证》。

第六条　放射工作人员上岗前，放射工作单位负责向所在地县级以上地方人民政府卫生行政部门为其申请办理《放射工作人员证》。

开展放射诊疗工作的医疗机构,向为其发放《放射诊疗许可证》的卫生行政部门申请办理《放射工作人员证》。

开展本办法第二条第二款第(三)项所列活动以及非医用加速器运行、辐照加工、射线探伤和油田测井等活动的放射工作单位,向所在地省级卫生行政部门申请办理《放射工作人员证》。

其他放射工作单位办理《放射工作人员证》的规定,由所在地省级卫生行政部门结合本地区实际情况确定。

《放射工作人员证》的格式由卫生部统一制定。

第七条 放射工作人员上岗前应当接受放射防护和有关法律知识培训,考核合格方可参加相应的工作。培训时间不少于4天。

第八条 放射工作单位应当定期组织本单位的放射工作人员接受放射防护和有关法律知识培训。放射工作人员两次培训的时间间隔不超过2年,每次培训时间不少于2天。

第九条 放射工作单位应当建立并按照规定的期限妥善保存培训档案。培训档案应当包括每次培训的课程名称、培训时间、考试或考核成绩等资料。

第十条 放射防护及有关法律知识培训应当由符合省级卫生行政部门规定条件的单位承担,培训单位可会同放射工作单位共同制定培训计划,并按照培训计划和有关规范或标准实施和考核。

放射工作单位应当将每次培训的情况及时记录在《放射工作人员证》中。

第三章 个人剂量监测管理

第十一条 放射工作单位应按照本办法和国家有关标准、规范的要求,安排本单位的放射工作人员接受个人剂量监测,并遵守下列规定:

(一)外照射个人剂量监测周期一般为30天,最长不应超过90天;内照射个人剂量监测周期按照有关标准执行;

(二)建立并终生保存个人剂量监测档案;

(三)允许放射工作人员查阅、复印本人的个人剂量监测档案。

第十二条 个人剂量监测档案应当包括:

(一)常规监测的方法和结果等相关资料;

(二)应急或者事故中受到照射的剂量和调查报告等相关资料。

放射工作单位应当将个人剂量监测结果及时记录在《放射工作人员证》中。

第十三条 放射工作人员进入放射工作场所,应当遵守下列规定:

(一)正确佩戴个人剂量计;

(二)操作结束离开非密封放射性物质工作场所时,按要求进行个人体表、衣物及防护用品的放射性表面污染监测,发现污染要及时处理,做好记录并存档;

(三)进入辐照装置、工业探伤、放射治疗等强辐射工作场所时,除佩戴常规个人剂量计外,还应当携带报警式剂量计。

第十四条 个人剂量监测工作应当由具备资质的个人剂量监测技术服务机构承担。个人剂量监测技术服务机构的资质审定由中国疾病预防控制中心协助卫生部组织实施。

个人剂量监测技术服务机构的资质审定按照《职业病防治法》、《职业卫生技术服务机构管理办法》和卫生部有关规定执行。

第十五条 个人剂量监测技术服务机构应当严格按照国家职业卫生标准、技术规范开展监测工作,参加质量控制和技术培训。

个人剂量监测报告应当在每个监测周期结束后1个月内送达放射工作单位,同时报告当地卫生行政部门。

第十六条　县级以上地方卫生行政部门按规定时间和格式,将本行政区域内的放射工作人员个人剂量监测数据逐级上报到卫生部。

第十七条　中国疾病预防控制中心协助卫生部拟定个人剂量监测技术服务机构的资质审定程序和标准,组织实施全国个人剂量监测的质量控制和技术培训,汇总分析全国个人剂量监测数据。

第四章　职业健康管理

第十八条　放射工作人员上岗前,应当进行上岗前的职业健康检查,符合放射工作人员健康标准的,方可参加相应的放射工作。

放射工作单位不得安排未经职业健康检查或者不符合放射工作人员职业健康标准的人员从事放射工作。

第十九条　放射工作单位应当组织上岗后的放射工作人员定期进行职业健康检查,两次检查的时间间隔不应超过2年,必要时可增加临时性检查。

第二十条　放射工作人员脱离放射工作岗位时,放射工作单位应当对其进行离岗前的职业健康检查。

第二十一条　对参加应急处理或者受到事故照射的放射工作人员,放射工作单位应当及时组织健康检查或者医疗救治,按照国家有关标准进行医学随访观察。

第二十二条　从事放射工作人员职业健康检查的医疗机构(以下简称职业健康检查机构)应当经省级卫生行政部门批准。

第二十三条　职业健康检查机构应当自体检工作结束之日起1个月内,将职业健康检查报告送达放射工作单位。

职业健康检查机构出具的职业健康检查报告应当客观、真实,并对职业健康检查报告负责。

第二十四条　职业健康检查机构发现有可能因放射性因素导致健康损害的,应当通知放射工作单位,并及时告知放射工作人员本人。

职业健康检查机构发现疑似职业性放射性疾病病人应当通知放射工作人员及其所在放射工作单位,并按规定向放射工作单位所在地卫生行政部门报告。

第二十五条　放射工作单位应当在收到职业健康检查报告的7日内,如实告知放射工作人员,并将检查结论记录在《放射工作人员证》中。

放射工作单位对职业健康检查中发现不宜继续从事放射工作的人员,应当及时调离放射工作岗位,并妥善安置;对需要复查和医学随访观察的放射工作人员,应当及时予以安排。

第二十六条　放射工作单位不得安排怀孕的妇女参与应急处理和有可能造成职业性内照射的工作。哺乳期妇女在其哺乳期间应避免接受职业性内照射。

第二十七条　放射工作单位应当为放射工作人员建立并终生保存职业健康监护档案。职业健康监护档案应包括以下内容:

(一)职业史、既往病史和职业照射接触史;

(二)历次职业健康检查结果及评价处理意见;

(三)职业性放射性疾病诊疗、医学随访观察等健康资料。

第二十八条　放射工作人员有权查阅、复印本人的职业健康监护档案。放射工作单位应当如实、无偿提供。

第二十九条　放射工作人员职业健康检查、职业性放射性疾病的诊断、鉴定、医疗救治和医学随访观察的费用,由其所在单位承担。

第三十条　职业性放射性疾病的诊断鉴定工作按照《职业病诊断与鉴定管理办法》和国家有关标准执行。

第三十一条　放射工作人员的保健津贴按照国家有关规定执行。

第三十二条　在国家统一规定的休假外,放射工作人员每年可以享受保健休假2~4周。享受寒、暑假的放射工作人员不再享受保健休假。从事放射工作满20年的在岗放射工作人员,可以由所在单位利用休假时间安排健康疗养。

第五章　监督检查

第三十三条　县级以上地方人民政府卫生行政部门应当定期对本行政区域内放射工作单位的放射工作人员职业健康管理进行监督检查。检查内容包括:

(一)有关法规和标准执行情况;

(二)放射防护措施落实情况;

(三)人员培训、职业健康检查、个人剂量监测及其档案管理情况;

(四)《放射工作人员证》持证及相关信息记录情况;

(五)放射工作人员其他职业健康权益保障情况。

第三十四条　卫生行政执法人员依法进行监督检查时,应当出示证件。被检查的单位应当予以配合,如实反映情况,提供必要的资料,不得拒绝、阻碍、隐瞒。

第三十五条　卫生行政执法人员依法检查时,应当保守被检查单位的技术秘密和业务秘密。

第三十六条　卫生行政部门接到对违反本办法行为的举报后应当及时核实、处理。

第六章　法律责任

第三十七条　放射工作单位违反本办法,有下列行为之一的,按照《职业病防治法》第六十三条处罚:

(一)未按照规定组织放射工作人员培训的;

(二)未建立个人剂量监测档案的;

(三)拒绝放射工作人员查阅、复印其个人剂量监测档案和职业健康监护档案的。

第三十八条　放射工作单位违反本办法,未按照规定组织职业健康检查、未建立职业健康监护档案或者未将检查结果如实告知劳动者的,按照《职业病防治法》第六十四条处罚。

第三十九条　放射工作单位违反本办法,未给从事放射工作的人员办理《放射工作人员证》的,由卫生行政部门责令限期改正,给予警告,并可处3万元以下的罚款。

第四十条　放射工作单位违反本办法,有下列行为之一的,按照《职业病防治法》第六十五条处罚:

(一)未按照规定进行个人剂量监测的;

(二)个人剂量监测或者职业健康检查发现异常,未采取相应措施的。

第四十一条　放射工作单位违反本办法,有下列行为之一的,按照《职业病防治法》第六十八条处罚:

(一)安排未经职业健康检查的劳动者从事放射工作的;

（二）安排未满 18 周岁的人员从事放射工作的；

（三）安排怀孕的妇女参加应急处理或者有可能造成内照射的工作的，或者安排哺乳期的妇女接受职业性内照射的；

（四）安排不符合职业健康标准要求的人员从事放射工作的；

（五）对因职业健康原因调离放射工作岗位的放射工作人员、疑似职业性放射性疾病的病人未做安排的。

第四十二条　技术服务机构未取得资质擅自从事个人剂量监测技术服务的，或者医疗机构未经批准擅自从事放射工作人员职业健康检查的，按照《职业病防治法》第七十二条处罚。

第四十三条　开展个人剂量监测的职业卫生技术服务机构和承担放射工作人员职业健康检查的医疗机构违反本办法，有下列行为之一的，按照《职业病防治法》第七十三条处罚：

（一）超出资质范围从事个人剂量监测技术服务的，或者超出批准范围从事放射工作人员职业健康检查的；

（二）未按《职业病防治法》和本办法规定履行法定职责的；

（三）出具虚假证明文件的。

第四十四条　卫生行政部门及其工作人员违反本办法，不履行法定职责，造成严重后果的，对直接负责的主管人员和其他直接责任人员，依法给予行政处分；情节严重，构成犯罪的，依法追究刑事责任。

第七章　附则

第四十五条　放射工作人员职业健康检查项目及职业健康检查表由卫生部制定。

第四十六条　本办法自 2007 年 11 月 1 日起施行。1997 年 6 月 5 日卫生部发布的《放射工作人员健康管理规定》同时废止。

附件：

放射工作人员证的格式

放射工作人员职业健康检查项目

放射工作人员职业健康检查表

第九章

技工室设计

技工室是修复科完成修复体的一个重要组成部分,对其建筑设计也要有明确的要求,旧房改造也要按以下要求进行。

首先室内要保持空气洁净,有些化学试剂挥发性较强,需要随时排出室外,所以在建筑时需设换气装置,自动排换室内空气。

水、气和电源的布局要适当。室内要设水源和下水道,水源按建筑标准施工。在有条件的情况下,可以单设下水道,使用标准管 254.0~304.8mm 即可。如不单设下水道,最好将技工室安排在一层楼或平房内,便于疏通下水道。供气室应远离技工室,正负气源与诊断治疗室的集中供气室连接,在气源上应安装减压阀和安全系统以防意外。电源要有总开关,每个单元采用空气自动开关,在室内墙壁上设数个电源插座。电源功率在 30kW 以上,电源电压为 380V,以适应各种设备的需求。

第一节 工 作 室

技工工作室的自然采光要求合理。因为技师在精密制作时,需集中精力,细心操作,所以良好的自然光有利于缓解眼睛的疲劳。

技工桌要求功能齐全、设计合理、坚固耐用且美观大方。其桌上的灯光要设有滤光装置;低速技工手机要力矩大、转速高、体积小、使用方便;应设有排尘装置,以吸出打磨出的尘沫,减少室内空气污染;要备有气枪随时吹净修复件上的尘物。

工作室的一侧要设辅助台,主要放置切割机、电热式绘图仪、真空搅拌包埋机和高速抛光机等。其墙面可设壁柜,放置常用材料和小型器械,如塑料牙、分离剂、包埋材料及有保留价值的特殊模型等。

第二节　石膏模型处理室

石膏模型处理室又称灌模室,最好设在诊断治疗室和技工室之间,亦可设在技工室内,使用面积 8~20m²。主要设有水源、电源和工作台。常用设备有搅拌机、振荡器、抛光机及石膏模型修整机。取完印模后,应及时灌注石膏模型,以防变形。待石膏模型干燥后,送技工室完成修复体的制作。门诊修整后的修复件可以在此重新抛光,抛光机或打磨机应安装除尘设施。石膏模型处理室内的下水道应保证粗而直,以防石膏沉积阻塞。

一般小诊所不设技工室,可将修复件送到技工加工中心制作。但模型间是必须的,主要用于灌注石膏模型。房间最好设在一楼,面积大约 6~8m²。应设置带水池的石料台面的台边。下水道应粗而直,直径为 150~200mm,以防石膏堵塞。进入地下排水管之前应设石膏沉淀区,用以沉淀石膏。室内还应设置壁柜,用以存放石膏。边台上可放置石膏模型修整机、石膏模型切割机、震荡器等。

第三节　烤　瓷　室

烤瓷室内要求温差变化小,最好安装空调机,以保持适当恒温。室内不能有对流风,防止温度下降过快,导致瓷体出现裂纹。室内要求洁净,以免粉尘影响涂瓷粉的质量。

烤瓷室内应装备真空烤瓷炉、真空包埋器、烤瓷振荡器及超声波清洗器等。

第四节　铸　造　室

铸造室内要设 380V 的电源,总容量 50kW 以上,因高温电炉一般在 20kW 左右,高频铸造机功率在 15kW 以上,加上其他仪器设备的耗电,故应备有足够的容量以保证使用,并要求安装单元自动保护开关。

室内要设水源,供水冷式铸造机使用,水压在 0.2MPa 以上,如果水压过低则不能冲开铸造机内部的水压开关,机器将无法正常工作。而循环水冷式和风冷式铸造机则不受自来水水压的影响。

可在铸造室内安装的设备有:高温电炉、电解抛光机和喷砂打磨机等。电解抛光机和高温电炉要装换气设施,采用自动或手动方式均可,高温电炉要靠近铸造机,防止因温度下降过快而影响铸造质量。

第十章

消毒室设计

卫生行政监督机关在对口腔诊所的审批中也同样对消毒室的设计特别重视，每年都会定期进行检查，因此设计一个符合国家有关规定的消毒室，是口腔诊所能否通过审批的关键因素之一。同时，一个合理的和符合要求的消毒室，既可以通过平时卫生监督机关的监督检察，又能赢得患者的信任，让更多的患者放心就诊。口腔诊所消毒室设计布局及流程的合理化是减少院内感染的重要措施，同时也是医院医疗质量的一个重要保证。特别是随着我国口腔医疗事业的高速发展，消毒供应系统的建设也应与口腔医疗水平的发展相适应。近年来随着一次性无菌物品的广泛使用，口腔医疗物品管理的多样化，如何更有效地使消毒室设计走向标准化、规范化、系统化和合理化已成为当前的热门话题。

第一节　消毒室的布局和装潢

为了达到使消毒室的布局更合理，使操作者在工作过程中不但有良好的工作环境，还能节省劳动力；同时具备快速有效的清洗、消毒和灭菌功能，确保已灭菌物品的无菌、无热原和不再受污染；保证口腔诊所供应的需要和工作人员的防范需要等目的，大中型口腔诊所的消毒室一般应设置在治疗区的中央，便于各个治疗区域的人员就近取物。消毒室的大小应根据牙科诊所的面积和椅位的数量来决定，以便于操作人员在消毒室内工作。消毒室布局应合理，符合功能流程和洁污分开的要求。牙科诊所消毒室必须分为污染区、清洁区、无菌区，区域间标志明确，应有实际屏障，路线及人流、物流由污到洁，不得逆行。装修时墙壁、地面等应使用光滑、耐清洗的材料，光线明亮，安装有紫外线灯或臭氧发生器等空气消毒装置。

一、设计理念

1. 建立安全屏障,实施隔离是贯穿始终的设计原则。

2. 布局为由"污"到"净"的单向流程布置,不交叉、不逆行。

3. 去污区、检查打包区,灭菌物品存放区、生活区应一一严格划分。

4. 气压:由去污区($-5\sim0$Pa)→检查打包区($5\sim10$Pa)→灭菌物品存放区($10\sim15$Pa)。

5. 可靠的 3 道屏障:①去污区与检查打包区之间:双扉全自动清洗消毒器和传递窗;②检查打包区与灭菌物品存放区之间:双扉脉动真空无菌器;③无菌物品存放区与发放缓冲间:双门互锁传递窗。

6. 四分开:①工作间与生活间分开;②污染物品与清洁物品分开;③敷料检查打包与器械检查打包分开;④未灭菌物品与灭菌后物品分开。

7. 四个入口:①污染物品的入口;②清洁物品入口;③无菌物品发放入口;④工作人员入口。

8. 消毒室位置合理:①接近诊疗部和手术室;②周围环境清洁无污染源;③避开办公区和交通要道等处;④形成相对独立的区域。

二、设计特点

1. 直线式流程设计,避免了污染物品回收和无菌物品发放之间的交叉。

2. 采用下送、下收的运行模式。

3. 敷料的打包操作与器械的打包操作分开,最大限度地避免了敷料对器械的污染。

4. 不影响使用面积的情况下,设置了参观走廊和参观窗,就诊病人的参观、外来人员的学习不会影响正常的工作。

5. 尽可能地采用自然光,减少光污染及能源消耗。

6. 空调机房分开设置,就近原则,分别支持清洁区和无菌区的净化。

三、工作分区

消毒供应室的工作应分为 4 个部分:即灭菌前清洗、干燥、分类、检查及包装,灭菌,储存,发送(图 10-1)。储柜最好为光滑无缝的材料,如不锈钢、树脂、特质树脂等制成。表面需备有光滑、透明的门。上面的架子及抽屉应能卸下消毒。储水池应有相应的溢水排水孔,并有足够的深度,以利浸泡器械及擦洗盘子。全自动水龙头与给皂器可预防患者之间的交叉污染。圆弧形墙角则可让手术区地板更易于清理。墙壁与底边的连接处采用弧线设计,这也是为了减少消毒死角。

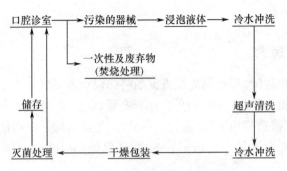

图 10-1　消毒供应室操作流程

消毒供应室的储柜最好是分为两个均等的独立的储层,以便储放消毒及污染的物品。

1. 污染区　污染区应设在靠近进口区,安装有洗涤用的自来水和下水道,并有足够大的位置放置清洗前的浸泡桶、污物箱和超声波清洗机等,使用一次性医疗器械的单位还应设有存放使用后器械的部位。浸泡桶和污物箱必须使用耐腐蚀和具有一定强度的材料如塑料制成,浸泡液为 1:1000 的高效复方氯制剂,时间为 30 分钟。

2. 清洁区　清洁区域的台面上应有足够的地方放置一些主要的消毒设备,如封口机、高温高压消毒炉、干烤箱等,设备按操作次序依次安放。

3. 无菌区　无菌区必须与前两个区域完全隔开,区域内放置经清洁区消毒完成后的物品,与治疗区之间设有一个传递窗,医务人员取物时必须通过这个窗口进行传递,防止消毒后物品逆向进入污染区。此区域内的储物低柜底层离开地面应不少于 30cm。

消毒区亦称供应室(图 10-2~ 图 10-4)负责口腔诊所各种器材的清洗、打包、消毒,然后送到各诊疗室以供使用。空间的设计,要为消毒隔离、防止交叉感染

图 10-2　上海恺宏口腔门诊部消毒供应室污染区

图 10-3　上海恺宏口腔门诊部消毒供应室清洁区

（cross infection）创造良好的条件。牙科诊所是患者活动的场所，医疗废弃物、污水、污物、手术切除组织、器官都需要有良好及标准的处置方式。其建筑及室内布局应符合卫生部有关规定要求。灭菌和再供给区是临床工作终端的中心，将这块地区放置在中心地带，充分地装备这两个区域使之可以消毒和再存储所有的器械。假如准备创造一个大于 10 个牙科椅位的大型口腔诊所，不要考虑将消毒的位置分散在多个位置，应该将消毒区放在中心。

图 10-4　上海恺宏口腔门诊部消毒供应室无菌区

　　另一种是设在诊疗室的套间里。消毒室的使用面积一般为 8~10m²，其消毒物品可供 10 台牙科综合治疗椅使用。消毒室内应安装换气、排尘装置，以保持室内清洁。室内要有水源和下水道，电源功率要在 30kW 以上。同时应注意消毒室的采光，因为有些小敷料的制作和配制药液要在此处完成（图 10-5~图 10-7）。

图 10-5　天津诚信齿科消毒区

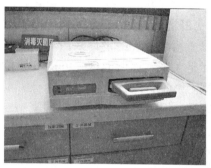

图 10-6　天津爱齿口腔门诊部消毒区

图 10-7　口腔消毒室（昊城口腔诊所）

在消毒中计算费用的方式就是一个员工多久开动消毒循环一次。而不是每个单独的设备功能有多快。因此,效率最高的设备在达到最快速度时使器械返回到治疗区的时间,很少快过一个组织良好的、高效的消毒中心。一个正确的布局,使用起来顺手、持久,才是消毒中心购买的关键因素。

在最佳的口腔诊所设计中,消毒区的细节是非常关键的,推荐使用的消毒设备一般是最快的和较有效率的。牙科最常用来消毒器械及手机的方法是高压消毒器(auto clave)法及化学药物浸泡法。消毒灭菌有高压蒸气消毒、煮沸消毒、气熏消毒、干热消毒和化学药液浸泡消毒等方法。高压消毒器所排出的蒸气宜适当排放,以免破坏周围设备。放置化学消毒水的消毒盒,亦应排列整齐,分门别类,并应填写消毒剂更新日期或有效日期,以确保消毒效果。也不必要浪费钱去预设一个消毒中心,通常这些中心过于紧凑,也不会请全职消毒助手,从而提供不了一个好的成本利润比率。

第二节　污水处理

在考虑设计治疗设备的安放如何更好、更完美,内部布局和装饰如何更高雅、更舒适的同时,千万不能忽略了对口腔诊所污水处理的设计。污水处理是否达标是关系到诊所能否开办的一项重要依据。由于口腔诊所污水中含有大量的病原微生物和有毒物质,所以国家制定了《医院污水排放标准》,要求诊所和医院的污水必须经一级消毒处理后才能排至市政管网。污水的消毒处理一般可分为消毒前的预处理和污水的消毒,而口腔诊所的污水消毒处理中的预处理和消毒往往同时进行(图10-8)。

图 10-8　天津上谷爱齿口腔门诊部污水处理设计

一、牙科诊所污水排放的标准

按照1983年6月1日我国经济委员会和国家卫生部批准试行的医院污水排放标准的要求,口腔诊所的污水经处理和消毒后应达到下列标准:

1. 连续3次各取样500ml进行检验,不得检出肠道致病菌和结核杆菌;
2. 总大肠菌群数每升不得 >500 个;
3. 总余氯量为 4~5mg/L;

4. 污水与氯接触时间≥1小时。

二、污水处理和消毒设计要求

口腔诊所的规模往往都不是很大,污水量也有限,因而在设计污水处理时一般只需制造一个污水处理池就可以了。诊所内所有的医用污水必须通过专用管道输入处理池中进行消毒处理后才能排放。污水处理池的设计必须符合以下要求:

1. 应远离治疗区和接待区,设计在较为隐蔽的地方。

2. 有防腐蚀、防渗漏设施。一般采用1cm厚的高强度密胺板制成。

3. 确保处理效果,安全耐用。

4. 操作方便,便于消毒和清理,并有利于操作人员的劳动保护。

三、诊所污水的消毒处理方法

污水处理池的式样设计注意事项:

1. 距进水孔近的第一块挡板上必须有一不锈钢过滤网,防止杂物进入电磁阀门内,影响阀门的使用。

2. 定时电磁阀门每小时自动打开1次排水,保证污水能与氯有足够的接触时间。

3. 为防止水流量突然增大而造成污水溢出污染处理池,可在池的顶端制作一个溢水口。

4. 投药池必须定期清除沉淀物。

口腔诊所的小型污水处理池一般采用定容定量的漂白粉投放消毒法,目前使用最多的为每天两次投放漂白粉精片,根据处理池容量的大小每次投放10~20片,或投放缓释型漂白粉片,根据其溶解情况及时添加。

第十一章

设计评价和布局感觉

如何进行口腔诊所空间设计,其实是一门集美学、心理学、销售学、色彩学等各门学科于一体的深奥学科。

第一节　口腔诊所设计评价

口腔诊所唯有通过良好的设计规划,由点到线到面,全方位的考虑,才能使每一份投资发挥其应有的经济效益。因此,一位优秀的执业口腔医师,必须了解现今的时代、社会、生活环境,以及文化艺术发展趋势,才能给自己设计出一个高品味、高品质的口腔诊所。评价口腔诊所的现代性,是以口腔诊所外观、内部装潢设计、医疗设备配置、医疗柜台形状等为主的外观上的判断。而外观装潢得再气派,如果不能适合周围环境的顾客层次,以及提供亲切周到的服务,也无法成为病人所喜爱的口腔诊所。

在设计时要配合口腔诊所形象的一致性,从而在形式及材料的使用上作统一的决定。对口腔诊所设计的效用,可以从以下几个方面来评价:

1. 从口腔医疗方面,必须符合

(1) 以作为口腔医疗服务经营空间来看的口腔诊所设计;

(2) 以投资效果来看的口腔诊所设计;

(3) 以促进经营的立场来看的口腔诊所设计;

(4) 以服务病人来看的口腔诊所设计。

2. 从就诊病人方面,必须符合

(1) 具有现代气息的口腔诊所设计;

(2) 可满足牙科美容心理需要的口腔诊所设计;

(3) 利用方便的口腔诊所设计;

(4) 满足病人对口腔医疗服务需求的口腔诊所设计;

(5) 干净、有信用的口腔诊所设计。

3. 从空间设施方面,必须符合

(1) 口腔诊所设计的设备必须给予顾客现代感;

(2) 必须给予顾客最大的效率;

(3) 必须让顾客感觉到独创性、个性和表现性;

(4) 必须适合顾客层次;

(5) 必须适合附近的地理位置;

(6) 必须具有充满效率和能力的口腔医疗技术;

(7) 口腔诊所的效用面积和活动空间必须充分地灵活运用。

如果把美容牙科与领导时代潮流作为口腔诊所的活动内容,那么将口腔诊所经营成富有魅力、具有现代感的诊所也是很重要的。当然,诊室的装潢和设备,无法时常更新,但如果能在候诊区的镜子前面,安排适当的摆饰或者偶尔改变一下窗帘的颜色,让病人能有新鲜感,也能达到很好的效果。

由于口腔诊所的活动性质是从事与口腔医疗有关的各项事务,所以口腔诊所的"现代感和现代情调"是不可缺少的。另外,还必须重视让病人满意的技术以及口腔诊所的风格。即使只设有一个椅位的口腔诊所也应具有竞争者所没有的亲切感和热忱。

所谓"口腔诊所的现代性",大多是根据感觉来评价的。也可以解释为:与其他同行相比,领先 2~3 年的风格。所谓"口腔诊所的便利性",对病人而言,是指来诊所就诊时能够感到很方便,而且对诊所的服务感到满意;对员工而言,也能轻松且尽心地工作,不会感到不方便。所谓"口腔诊所的个性",就是说与其他的诊所相比,能令人感到独创的魅力,能呈现出美的形象,病人则愿意光临。口腔诊所要经营成功,必须使病人愿意来此就诊,因此,对员工工作效率高低的要求及场地的设计必须严格。

第二节 口腔诊所布局感觉

必须了解口腔诊所所在位置的地理特性和业主努力的方向,周边居民的风气和周边病人层次如何,如何能让口腔诊所被当地的顾客接受,且又能将口腔诊所的风格从布局中表现出来,整个口腔诊所的面积是否和布局协调,墙壁、物品和器材的颜色以及照明情况是否为经营者理想的风格,必须明白布局与形象的关系。

口腔诊所本身的形象,是病人能否对它产生兴趣的关键。口腔诊所的布局是对形象的总体表现,而且口腔诊所的形象,对能否吸引过路的行人进来且最终成为就诊病人也是非常关键的。口腔诊所的形象,不仅能从外观上吸引病人的兴趣,而且店内的内部装饰和器材的设置,也能起到令病人产生信赖感的因素。此外,口腔医师亲切的服务态度,也能给病人留下美好温暖的印象,经营者可以把它作为改善口腔诊所形象的中心问题来考虑。口腔诊所的外观、招牌图案的设计、花卉的摆设等都能使口腔诊所受到病人的关注。因此,切实把握这种吸引病人的方式,在布局时适当地融合进去,必能产生意想不到的效果。

口腔诊所的形象可以理解为病人对其产生的综合印象,它包括了前述诸多方面内容,可反映出业主的审美情趣与水平,也是病人能否对就诊环境产生好感的关键。这里首先有一个前提,即诊所是口腔医疗场所,而非其他公共场所,因此,它给人的印象应是有一定的科技水平、安全、可信、易接近的,如进行过度粉饰、怪异夸张的设计只为求吸引病人可能效果会适得其反。一般装潢设计的形象效果,一是有现代感,二是高格调。要达到此效果就意味着大资金投入,有投入产出比的问题,还有大多数病人是否易接近的问题。因此,高格调比较适合于消费水平高的社区和人群。三是新颖独特,具有鲜明的个性特征。这是装潢努力追求的主要目的之一,由此也可反映出设计者的智慧。如一些象征性装潢手段的应用,能启发人的联想,会取得较好的审美效果。新颖独特还有一个尺度的问题,即在共性之中求个性,如偏离共性太远,就会显得夸张怪异很难让多数人接受。

一、高雅的形象表现

一般说来,经营时间长的业主比较喜欢把口腔诊所表现得格调高雅,或者较重视格调的体现。但是这样的设计一般都具有投入资本过大的缺点。因此,重要的是确切评定设备投入的能力,进而根据业主的实力去做统筹规划。如果没有考虑到业主本身的个性与口腔诊所形象的关联性,以及与周围环境的协调性,很容易让病人产生难以接近的感觉。

因此,若想走格调高雅的形象之路,有必要仔细研讨具有高雅格调的其他店铺后,再去进行口腔诊所设计。例如:坐落在釜山昂贵地段的"纽约美丽牙科"装修得像个美术馆同时诊所内还播放高雅音乐。沙发很舒适,病人一坐下,护士小姐就笑容满面地给端上了咖啡,送上了最新杂志,还让病人边试用脚底按摩机边等待。

二、新颖的形象表现

由于具备了富有新鲜时代气息的形象,因而一般能给予病人安全感,这样,便起到了扩大病人范围的有效作用。口腔诊所的形象,有必要在业主认真考虑的基础上进行自由轻松的体现,并随着季节的变化去进行一些改变,以吸引病人的注意。经由口腔诊所内的颜色设计,可以很容易地制造一种舒适悠闲的气氛。业主应充分利用这个有利条件。

三、时尚的形象表现

近年来,可以看到很多口腔诊所在内部或外观的装潢上,大多使用丰富且夺目的色彩,以令病人产生强烈的感觉来加深对口腔诊所的印象。采用这种表现方式的口腔诊所,其病人面大多会比较窄。比方说在年轻的病人中,如果这种表现能成功地占据广大的年轻病人群,也有可能产生一种有利的经营模式。更重要的是这种形象表现的意外性,如果能够在对病人的服务及牙科技术上充分地表现出来,令病人有好印象,那么同样层次的病人就会大量增加,甚至吸引到更大范围的病人群。在这种表现方法中,业主的个性与感觉往往是成功与否的关键。

有那么多种的形象表现方法,到底要采取何种方法,这完全由开业者的性格和病人层次的特点来决定。有关布局的设计,必须注意牙科设备方面,从维持环境卫生的立场出发,规定最小的诊所面积为 $13m^2$,设施内容为 1 张牙科椅,每增加一张,面积必须增加 $10m^2$。实际上,如果不增加这个面积,就无法令口腔医师充分地施展技术。

有些病人会根据口腔诊所的形象来决定固定就诊于哪一个口腔诊所。因此,口腔诊所的形象设计对口腔诊所来说相当重要。

第三节 口腔诊所建筑验房

验房是实际装修前必不可少的一个步骤,房屋对于绝大多数口腔诊所来说都是一件价格最昂贵使用最持久的私人物品,所以房屋验收的重要性也就不言而喻了。

一、检查内容

1. 安全检查

对于医疗设备、灯光照明、家用电器等设施,应考虑是否漏电、短路、接错及负荷超载,给水排水设施有否堵塞、破裂、外泄、门窗启闭是否安装牢固,使用灵活,合口严密。吊悬的物件,如花饰吊灯、排风扇、空调器及壁橱等,安装是否稳固,紧固件是否拧紧到位,有无失灵活、失控现象。所有涉及使用安全的设施,均需按照国家标准逐项仔细检查。如果是委托装饰公司施工承办,还须由业主与施工单位拟出协议,交付使用单应由双方签字。

2. **质量检查**

对于购进的全部装饰装修材料,均需按明细表内容逐项检查,防止低劣材料混入,数量必须准确。装饰装修工程完工时,也须按照国家计划逐项检查。购入的设施、安装程序、使用效率等是否合乎规定。家具等大件陈设,在运输、安放过程中,有无损伤和缺件。如有不合要求的弊病,应当及时发现,采取相应措施予以补救,尽量早期解决,以利于日后使用安全与方便。全部装饰、装修工程完工后、装饰公司在交付使用之前,双方共同检查验收,经检查施工质量完全合格后方可签字,交付使用。

二、检查方法

房屋在建筑商向开发商移交时已经经过了系统验收,在理论上房屋应该是没有问题的,虽然因为各种原因,每座房屋或多或少都会有些问题,但小的问题装修时基本都会解决,大的问题即使验收签字入住后,也同样能通过各种途径与开发商交涉。所以保持一种平和、细致的心态进行房屋验收,确保装修时减少损失,与开发商交涉时更为主动是非常有必要的。

必要的工具和资料——工欲善其事,必先利其器!验收前应该准备齐一些必要的工具和资料,以免遗漏或临场手忙脚乱。

1. **物品准备**

(1) 塑料小桶:用于验收下水管道及从楼下搬运沙子做防水护坡。

(2) 小榔头:用于验收房子墙体与地面是否空鼓。

(3) 7m 卷尺及 1m 靠尺:用于面积、高度和尺寸数据误差的测量。

(4) 万用表:用于测试各个强电插座及弱电类是否畅通。

(5) 计算器:用于计算数据。

(6) 笔记本和水笔:用于记录及签字。

(7) 塑料带和一些包装绳:用于长时间地、或预先封闭下水管道。

(8) 一个简易龙头和扳手:房间没有安装龙头的可以用来检查水路。

(9) 小凳子和一些报纸:可休息一下,保持精神集中、头脑清晰。

2. **资料准备** 去物业部门查看资料部分,带走原件或复印件。

(1)《口腔诊所质量保证书》

(2)《口腔诊所使用说明书》

(3)《口腔诊所竣工验收备案表》

(4)《口腔诊所面积实测表》

(5)《口腔诊所管线分布竣工图》(水、强电、弱电、结构)

3. 检查重点 作为一个外行人,除检验开发商的各种手续以外,对于口腔诊所室内的质量检验基本是按以下几个方面进行的:

(1) 裂缝及空鼓:进入新房,裂缝给业主的视觉和心理冲击是触目惊心的。从部位上分为墙、顶、地面裂缝,从性质上分为结构裂缝、抹灰层裂缝和表层裂缝。对粗大贯通性的裂缝应该凿透水泥抹灰层再查看,如果是主体裂缝,就应该慎重处理交涉;抹灰层的裂缝也是非常头疼的事情,问题很多时候不限于几条裂缝,而是抹灰层的问题有可能导致以后的空鼓和裂缝蔓延,建筑商通常直接用弹性腻子或水泥(地面)来敷衍,所以对于房屋内的"大补丁"最好也凿开检查,因为不管是否真有问题,这样的处理也不管用;碎裂纹主要是腻子或水泥压光层的毛病,大部分装修都会重新处理,这方面的后果一般不会太严重,但轻体墙的碎裂纹很有可能与墙体质量问题有关。

空鼓的问题,墙顶地面均可能存在,作好防水后的卫生间更容易发生。基本检验程序和裂缝检查一样,是一看二敲三凿。小面积的空鼓装修时基本可以解决,大的空鼓就需要正式与开发商交涉了。

(2) 防水:这是比较容易出现问题的地方,而且一旦装修完成后,责任不好鉴定,所以一定在验房时作好防水检测。先目测,看找平层 30mm,淋浴墙面 1800mm 以上是否做了防水,再做闭水实验,用水泥砂浆在门外 25cm 内围一道约 10cm 的"U"型门槛,堵好地漏等排水口,放满水(地势最高处 2cm 即可)24 小时后去楼下查看即可。这个检测最好与上层住户同时进行,这样能同时检测自家卫生间的顶、地面。值得一提的是还可以同时检查一下地面坡度,另外所有墙顶面还应该检查一下是否有水渍痕迹,可以从侧面反映外墙、门窗、楼板的渗漏和裂缝问题。

(3) 墙体和楼板的水平与垂直:主要是用水平仪和水平管检查,一般来说误差 3cm 以上应该警惕,这方面的问题也能反映出建筑质量的高低。

(4) 水电路的验收:装修时大部分都会进行水电路改造,但这并不代表可以减轻水电路验收的重要性。

作为外行来说主要是检查是否通水电和电线路径是否符合规范,一般来说照明线截面面积 $1.5mm^2$,普通插座线 $2.5mm^2$,空调线 $4mm^2$ 即可,可用专业摇表或小电器来测试强弱电是否畅通,还应注意空调孔和空调插座是否和室外空调机位相匹配;检查电闸及电表各个分闸是否完全控制各分支线路。

用放水来检查上下水管道有无渗、漏、堵现象,尽量开大水龙头来试水压和排水速度;除了记录水电表的数据外,还应在所有阀门关闭时检查水表是否缓慢走动,如果还在走动说明可能有渗水现象。

验收下水情况,先用面盆盛水,分别向台盆下水、浴缸下水、马桶下水、消毒室和卫生及阳台地漏等灌水,基本是每个下水口灌入两盆水左右后应能够听到咕噜噜的声音和查见表面无积水。检验后要尽快将这些突出下水(如台盆下水、浴缸下水、马桶下水)处拿一塑料袋罩着水口,再加以捆实,而像地漏等下水需要塞实(记得留一可拉扯掉的位置)。

(5) 门窗等设备的验收:核对买卖合同上注明的设施、设备等是否有遗漏、品牌、数量是否相符;门窗除了验收牢固、平直、开启自如外,还应检查密封和损伤的情况,密封胶条和外伤可以肉眼看出,关上门窗能试听隔音效果,开关时能听出是否有杂音,密封性的检验可以直接将手放在窗缝处测试。电表、对讲系统等设备也应一一检查。

4. 问题处理 检查完毕后要书面记录检查结果和整改时间,避免遭受损失和争取谈判的主动,室内建筑质量方面当然还有诸多问题,应按购房合同一一对照检查,层高和面积牵涉到层高与净高,公摊面积、建筑面积和使用面积的界定,此外还有开发手续、市政、绿化等等建议通过集体收房或请专家来运作比较可行。根据其对房屋不同的影响程度应分别进行处理:

(1) 影响房屋结构安全和设备使用安全的质量问题,必须约定期限由建设单位负责进行加固补强维修,直至合格。影响相邻房屋的安全问题,由建设单位负责处理。

(2) 对于不影响房屋和设备使用安全的质量问题,可约定期限由建设单位负责维修,也可采取费用补偿的办法,由接管单位处理。

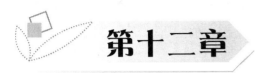

第十二章

适用法规和技术标准

第一节 适用法律

涉及建筑主体和承重结构变动的装修工程,建设单位应当在施工前委托原设计单位或者具有相应资质条件的设计单位提出设计方案;没有设计方案的,不得施工。——《中华人民共和国建筑法》第四十九条,1998年3月1日起施行。

违反本法规定,涉及建筑主体和承重结构变动的装修工程擅自施工的,责令改正,处以罚款;造成损失的,承担赔偿责任;构成犯罪的,依法追究刑事责任。——《中华人民共和国建筑法》第七十条。

本条例所称建设工程,是指土木工程、建筑工程、线路管道和设备安装工程及装修工程。——《建设工程质量条例》第二条,2000年1月30日起施行。

涉及建筑主体和承重结构变动的装修工程,建设单位应当在施工前委托原设计单位或者具有相应资质条件的设计单位提出设计方案;没有设计方案的,不得施工。房屋建筑使用者在装修过程中,不得擅自变动房屋建筑主体和承重结构。——《建设工程质量条例》第十五条。

违反本条例规定,涉及建筑主体和承重结构变动的装修工程,没有设计方案擅自施工的,责令改正,处50万元以上100万元以下的罚款;房屋建筑使用者在装修过程中擅自变动房屋建筑主体和承重结构的,责令改正,处5万元以上10万元以下的罚款。有前款所列行为,造成损失的,依法承担赔偿责任。——《建设工程质量条例》第六十九条。

公共场所室内装修、装饰根据国家工程建筑消防技术标准的规定,应当使用不燃、难燃材料的,必须选用依照产品质量法的规定确定的检验机构检验合格的材料。——《中华人民共和国消防法》第十一条,1998 年 9 月 1 日起施行。

在已竣工交付使用的住宅楼内进行室内装修活动,应当限制作业时间,并采取其他有效措施,以减轻、避免对周围居民造成环境噪声污染。——《中华人民共和国环境噪声污染防治法》第四十七条,1997 年 3 月 1 日起施行。

建筑工程应当采取节能、节水等有利于环境与资源保护的建筑设计方案、建筑和装修材料、建筑构配件及设备。

建筑和装修材料必须符合国家标准。禁止生产、销售和使用有毒、有害物质超过国家标准的建筑和装修材料。——《中华人民共和国清洁生产促进法》第二十四条,2003 年 1 月 1 日起施行。

违反本法第二十四条第二款规定,生产、销售有毒、有害物质超过国家标准的建筑和装修材料的,依照产品质量法和有关民事、刑事法律的规定,追究行政、民事、刑事法律责任。——《中华人民共和国清洁生产促进法》第三十八条。

物业管理区域内违反有关治安、环保、物业装饰装修和使用等方面法律、法规规定的行为,物业管理企业应当制止,并及时向有关行政管理部门报告。有关行政管理部门在接到物业管理企业的报告后,应当依法对违法行为予以制止或者依法处理。——《物业管理条例》第四十六条。

业主需要装饰装修房屋的,应当事先告知物业管理企业。物业管理企业应当将房屋装饰装修中的禁止行为和注意事项告知业主。——《物业管理条例》第五十三条。

装修材料必须符合国家标准,禁止生产、销售和使用有毒、有害物质超过国家标准的建筑和装修材料,违反这一规定,将被追究行政、民事、刑事法律责任。——《安全产生法》。

第二节　适用技术标准

《建筑装饰装修工程质量验收规范》(GB50210-2001)2001 年 11 月 1 日建设部(建标[2001]221 号),《民用建筑工程室内环境污染控制规范》(GB50325-2001)2001 年 11 月 26 日建设部(建标[2001]263 号),室内装饰装修材料有害物质限量十个国家强制性标准,2001 年 12 月 10 日国家质量监督检验检疫总局发布,2002 年 7 月 1 日施行。

《自动喷水灭火系统设计规范》(GB50084-2001)、《医院洁净手术部建筑技术规范》(GB50333-202)、《高层民用建筑设计防火规范》(GB50045-95)、《建筑内部装修设计防火规范》(GB50222-95)等。

《全国建筑装饰装修工程量清单计价暂行办法》2001 年 12 月 26 日建设部(建

标[2001]270号),《全国统一建筑装饰装修工程消耗量定额》(GYD-901-2002)
2001年12月26日建设部(建标[2001]271号)

《工程勘察设计收费管理规定》2002年1月7日国家计委、建设部(计价格
[2002]10号),建筑装饰设计收费标准是4~6%。(原《关于发布工程勘察和工
程设计取费标准的通知》1992年12月29日建设部、国家物价局([1992]价费
字375号)同时废止。由政府定价改为政府指导价,设计收费比现行标准提高
56%,建筑装饰设计收费标准是3%~5%。

《建设工程设计合同》2000年3月1日建设部、国家工商局(建设[2000]50
号),《建筑装饰工程施工合同示范文本》1996年11月12日建设部、国家工商
局(建监[1996]585号),《房屋建筑工程质量保修办法》2000年6月30日建设
部令第80号(装修工程2年)。

附录 1

小型口腔诊所空间设计案例

小型口腔诊所规模多为1~4个牙椅,雇佣人数为1~3人,面积在100m²以下。由于投资规模较小及附近居民的支持,经营风险比较低,开业以后较快进入稳定期,投入产出比例理想,经济收入稳定。目前,我国大多数口腔诊所为个人开设的小型口腔诊所。

第一节 空间设计案例

【案例】 金子齿科医院(附图 1-1~ 附图 1-4)

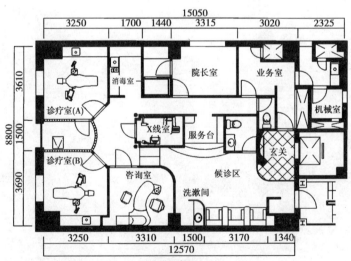

附图 1-1 齿科医院平面设计图[日本]

附图 1-2　齿科医院办公室［日本］

附图 1-3　齿科医院问讯处［日本］

附图 1-4　齿科医院诊疗室［日本］

［来源:松江满之,伊藤日出男.成功する歯科医院経営マニュアル.东京:评言社,2002.］
［地址:日本东京都中央区银座］

［**特色**］

由于诊所位于银座,全面采用预约制,因此,每一个诊疗单位的椅位数也最少。诊室的设计为了使患者能放松地接受治疗,采光设计非常好,院内整体设计现代感强、高级,与整座大楼的布置、色彩等交相呼应。

【案例】　领导者口腔外科(附图 1-5～附图 1-8)

［来源:深圳市金版文化发展有限公司主编.美容、医疗空间.西安:陕西旅游出版社,2005.4.］

［**特色**］

这是一个口腔和整形手术的复合式诊所,专门做畸形下颌整形手术。与其他的口腔诊所相比,该口腔诊所有很多从布置到装修方法上的特别之处。四个区——手术、门诊、病房和候诊区,在设计和装修材料方面有显著的差别,给人以不同的感觉。该口腔诊所因病人手术后都需留下继续医治,所以着意设计出温馨和优质的病房。采用白色突出候诊室和门诊室的洁净形象。

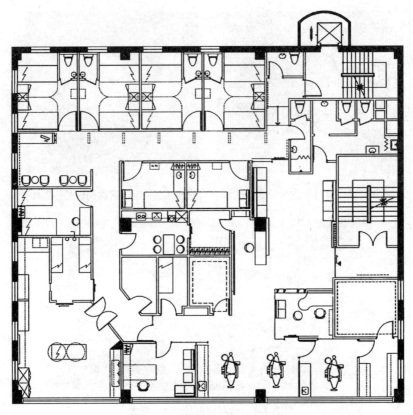

附图 1-5　领导者口腔外科平面设计图 [设计 : K.Kwon]

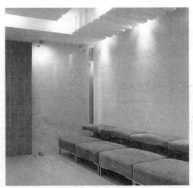

附图 1-6　领导者口腔外科问讯处　附图 1-7　领导者口腔外科候诊空间
（照片来源 : Kim.Myoung sik）　（照片来源 : Kim.Myoung sik）

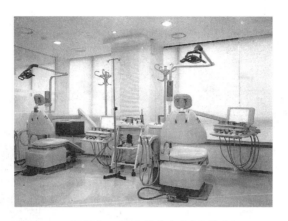

附图 1-8　领导者口腔外科诊疗室（照片来源：Kim. Myoung sik）

【案例】［**日本——中岛建筑事务所**］（附图 1-9～附图 1-14）

［来源：鹰冈竜一．ぼくの開業日記——歯科医院ができるまで．东京：医歯药出版株式会社，2000.126.］［日本］

［**特色**］

位于出租住宅楼一层的齿科医院，所有的房间均为单间，在入口附近设有开放式柜台，以利于人员的移动，墙壁中央部分人员来往较多，因此，在空间设计上有一定的富裕。

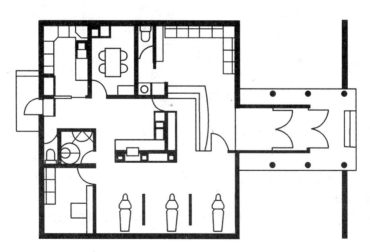

附图 1-9　齿科医院平面设计图［日本］

附图 1-10　齿科医院外景[日本]

附图 1-11　齿科医院外景[日本]

附图 1-12　齿科医院问讯处[日本]

附图 1-13　齿科医院外景[日本]

附图 1-14　齿科医院候诊室[日本]

【案例】　分唐Y牙科医院(附图 1-15~ 附图 1-19)—吴锡奎设计((株)建筑设计集团 FUV)

　　[来源:韩国 PLUS 文化社编 . 医疗空间 . 永川,金载铉译 . 沈阳:辽宁科学技术出版社,2003.8.][地址:韩国京畿道城南市分唐区亚塔洞 358-1]

　　[特色]

　　牙科医院业主夫妇提出"要办一所从未见过的画廊式的牙科医院"。如今的医院,也较强调服务空间概念,诊疗空间的档次越来越高,因此他们的要求不应该说是过分的。不过,画廊式的牙科医院,说起来容易做起来则并非易事。在不太大的空间设置较多的小空间,需要同院长商议。从空间的分隔开始了设计。候诊室和诊疗室以导医台为中心安排,导医台前面的

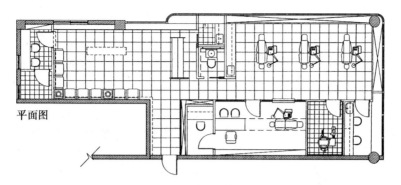

平面图

附图 1-15　分唐 Y 牙科医院平面设计图[韩国]

附图 1-16　分唐 Y 牙科医院服务台[韩国]

附图 1-17　分唐 Y 牙科医院候诊室[韩国]

附图 1-18　分唐 Y 牙科医院的走廊[韩国]

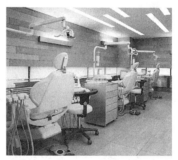

附图 1-19　分唐 Y 牙科医院治疗室[韩国]

不长的走廊便成为与各科室相连的通道。为了克服狭小候诊室的短处，从入口至候诊室的墙体设计为斜线，并安置了间接照明。间接照明壁用紫色布装修，使之具备较强的亮度；诊疗室的墙壁仍用布料装修，颜色同家具统一起来。与诊疗室相连的商谈室，为了减轻壁面狭小而产生的烦闷单调感，则用玻璃进行了装修。

【案例】 伶俐牙科诊所(附图 1-20~ 附图 1-26)(Space Works FUV 设计)

[来源:韩国产业图书出版公社编.医院与诊所室内设计.金卫华译.杭州:浙江科学技术出版社,2004.5.][地址:韩国汉城市马浦区道和洞358-1]

[**特色**]

伶俐牙科诊所门厅墙以珊瑚色砌面,与织物状面漆以及间接照明相协调,为候诊的病人提供舒适环境。连接对角的咨询室也如同咖啡厅一样,使病人消除紧张感。第一幅图像"伶俐牙科诊所"设计轻巧、简单。也许会被认为此平整扩展的构思具有吸引力。没有一些专门的装饰,家具、墙体大理石和其他面漆的协调性避开医院的色调,尤其是牙科诊所的冷色,例如像豪华宾馆一样的门厅。更引人注目的是,它可以带来许多来自于家具隔断的有趣感受。在设计初始阶段,业主就要求用高品味的家具。为了不同于一般诊所设备的特征,所有的设备与家具连为一个整体。充分利用金属、多层板、木纹板的纹理,使得装饰物引人注目、宁静、豪华。通过与设备公司探讨,最大限度减少系统和设备碰撞。

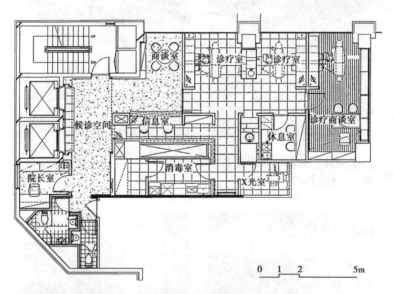

附图 1-20　伶俐牙科诊所平面设计图[韩国]

附图 1-21　伶俐牙科诊所门厅
[韩国]

附图 1-22　伶俐牙科诊所院长
室[韩国]

附图 1-23　伶俐牙科诊所服务台[韩国]

附图 1-24　伶俐牙科诊所治疗室[韩国]

附图 1-25　伶俐牙科诊所候诊室[韩国]

附图 1-26　伶俐牙科诊所走廊[韩国]

【案例】　井泽齿科医院(附图 1-27~ 附图 1-31)(中鸠久男建筑事务所设计)

［来源:松江满之,伊藤日出男.成功する齿科医院経営マニュアル.东京:评言社,2002.］
［地址:日本东京都中央区新川］

［特色］

为了减轻患者在治疗中的不安感,用局部墙壁式半透明玻璃将候诊室和诊室分隔开。诊疗单位之间的隔断也采用透明材料或半透明的线条,设计目的为在给予人们开放感的同时也能够保证患者隐私。

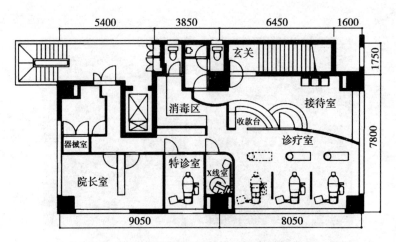

附图1-27　井泽齿科医院平面设计图［日本］

附图1-28　井泽齿科医院服务台［日本］

附图1-29　井泽齿科医院治疗室［日本］

附图1-30　井泽齿科医院候诊室［日本］

附图1-31　井泽齿科医院走廊［日本］

【案例】 鹰冈電一齿科医院(附图 1-32~ 附图 1-36)

[来源:鹰冈電一.ぽくの开业日记—齿科医院ができるまで.东京:医齿药出版株式会社,2000.127.][地址:日本]

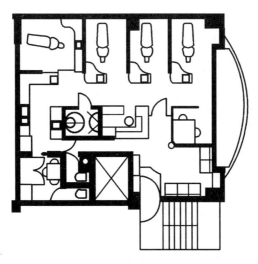

附图 1-32 齿科医院平面设计图[日本]

附图 1-33 齿科医院问讯处[日本]　　附图 1-34 齿科医院候诊室[日本]

附图 1-35 齿科医院问诊疗室[日本]　　附图 1-36 齿科医院诊疗室[日本]

[特色]

位于出租楼房内,将消毒室和手术室相邻设置,在诊疗室和候诊室之间,设有咨询室。墙壁和天花板均刷上油漆,共用了八种颜色。一般来说,为了保护病人隐私,诊所的空间是封闭的,而"鹰冈電一齿科医院"有一些小的门诊空间,为诊断桌旁的病人提供独立的开放式空间,通过增加像美术馆一样的墙壁感觉而赋予开阔的空间感。尽管它很简单,然而我们希望通过面漆材料的特性感受到空间的扩展。

【案例】 鹰冈電一齿科医院(附图1-37~附图1-41)

[来源:鹰冈電一.ぼくの開業日記——齒科医院ができるまで.东京:医齿药出版株式会社,2000,128.][地址:日本]

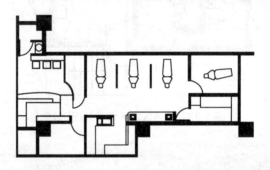

附图1-37 齿科医院平面设计图[日本]

附图1-38 齿科医院服务台[日本]　　　附图1-39 齿科医院服务台[日本]

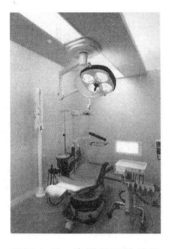

附图 1-40 齿科医院诊疗室
[日本]

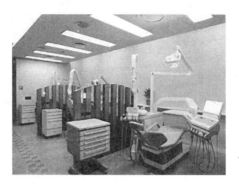

附图 1-41 齿科医院诊疗室[日本]

[特色]

位于办公楼内,在中央设计了一个较大的消毒室。挂号室位于可看到候诊室和诊疗室的地方,挂号室旁边即医生办公室,向里为手术室和院长办公室。

【案例】 鹰冈電一齿科医院(附图 1-42~ 附图 1-48)

[来源:鹰冈電一.ぼくの開業日記——齒科医院ができるまで.东京:医齒药出版株式会社,2000.123.][地址:日本]

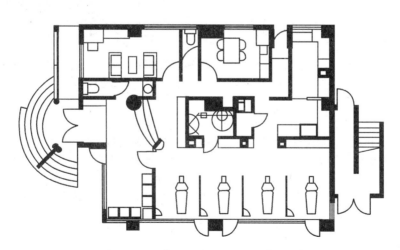

附图 1-42 齿科医院平面设计图[日本]

附图 1-43　齿科医院外景[日本]

附图 1-44　齿科医院外景[日本]

附图 1-45　齿科医院外景[日本]

附图 1-46　齿科医院问讯处[日本]

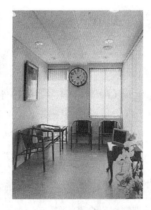

附图 1-47　齿科医院候诊室[日本]

附图 1-48　齿科医院诊疗室[日本]

[特色]

　　1 楼为诊所,2、3 楼为住房及医院。至少使中间的楼梯不相连,使医院和住宅相对独立。X 线片室为核心,周围为工作人员来回走动的空间,在诊室的前方为陶制砖铺设的地面,治疗中的患者可看到。一个具有隔离员工和病人活动路线的门厅,它能使病人意识到院长室是诊所的延伸。顶部设有间接照明,间接照明箱也有这样的作用,当病人在治疗时,它能分散病人的痛苦和不舒适感。

【案例】 The Sadati Center for Aesthetic Dentistry（附图 1-49~附图 1-55）

［来源：Unthank Design Group（www.unthank.com）］［地址：美国］

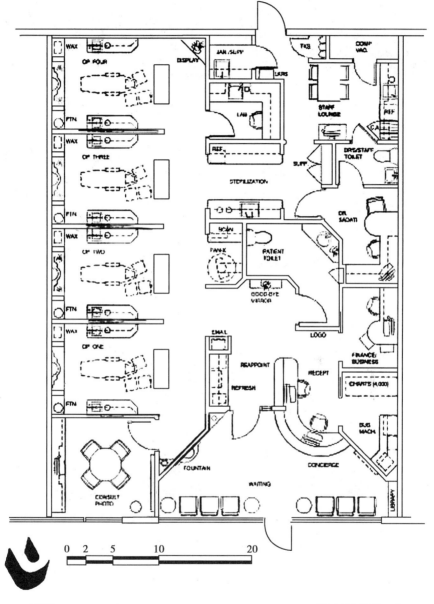

附图 1-49 The Sadati Center for Aesthetic Dentistry 平面设计图［美国］

附图 1-50　门面

附图 1-51　候诊厅

附图 1-52　前台

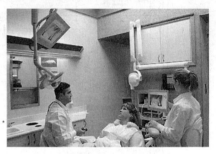

附图 1-53　诊室

附图 1-54　走廊

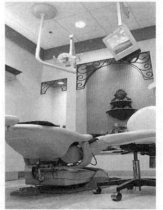

附图 1-55　诊室

第二节　平面设计案例

【案例】　牙科诊所(2 个牙椅)平面设计图(附图 1-56 和附图 1-57)

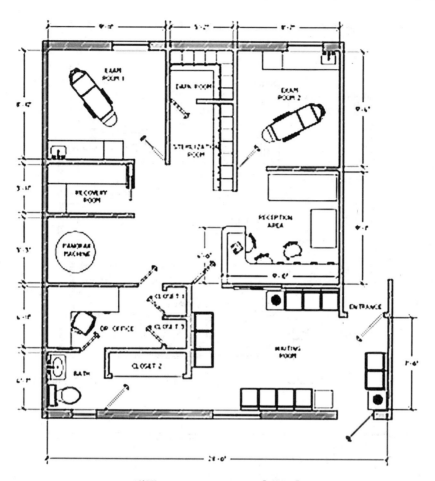

附图 1-56　Dental office［美国］

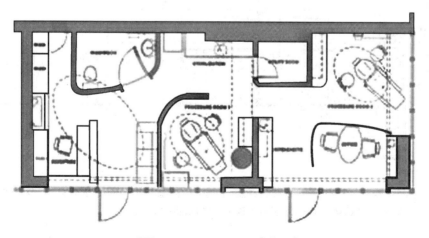

附图 1-57　Dental office［美国］

【案例】 牙科诊所(3 个牙椅)平面设计图(附图 1-58~ 附图 1-60)

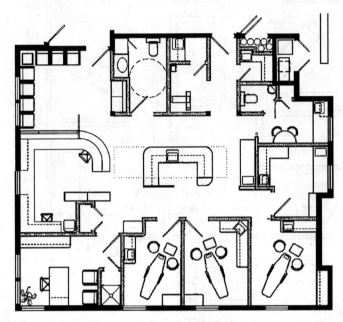

附图 1-58　Oral Surgery:of James L.[美国]（来源:Design for Health 设计）

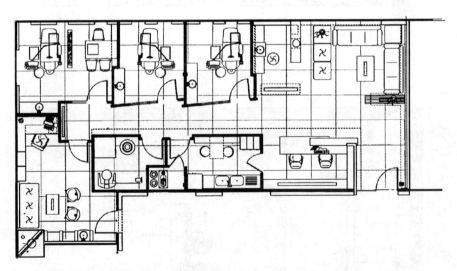

附图 1-59　Ye Sam Goong 牙科医院[韩国]（来源:韩国 PLUS 文化社编 . 医疗空间 . 永川,金载铉译 . 沈阳:辽宁科学技术出版社,2003. 8.）

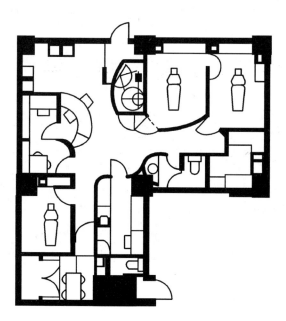

附图 1-60　齿科医院平面设计图[日本][日本 - 中岛建筑事务所][鹰冈電一 . ばくの開業日記——齒科医院ができるまで . 东京:医齿药出版株式会社 2000.126.][日本]

【案例】　牙科诊所(4 个牙椅)平面设计图(附图 1-61~ 附图 1-71)

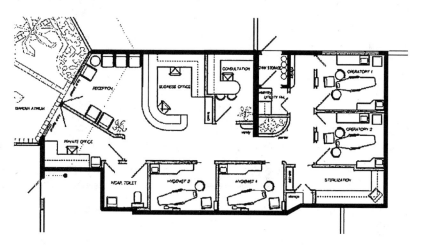

附图 1-61　Alice Tai,D.D.S. 的牙科诊所平面设计图 [来源:Design for Health 设计][美国 California]

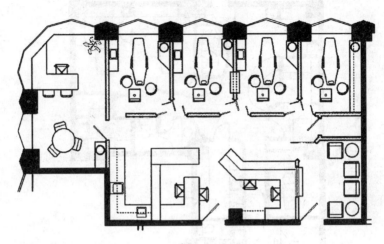

附图 1-62 Cra ig Mukai,D. D.S. 的牙科诊所平面设计图[来源:Design for Health 设计][美国 California]

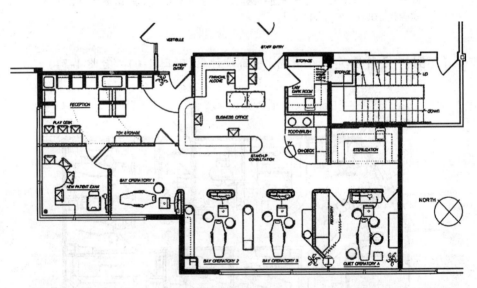

附图 1-63 LaJuan Ha ll,D.D.S. 的牙科诊所[来源:Design for Health 设计][美国 California]

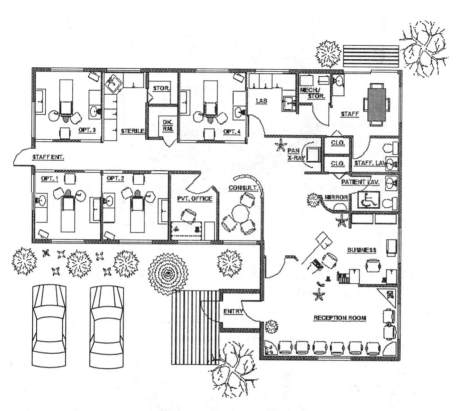

附图 1-64　Dental Office Pros 的牙科诊所平面设计图 [加拿大]

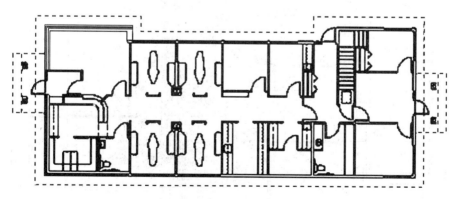

附图 1-65　Evart,Michigan 的牙科诊所 [美国]

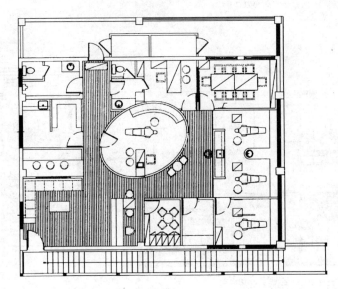

附图 1-66　未来牙科医院［韩国］(来源:韩国 PLUS 文化社编．医疗空间．永川,金载铉译．沈阳:辽宁科学技术出版社,2003.8.)

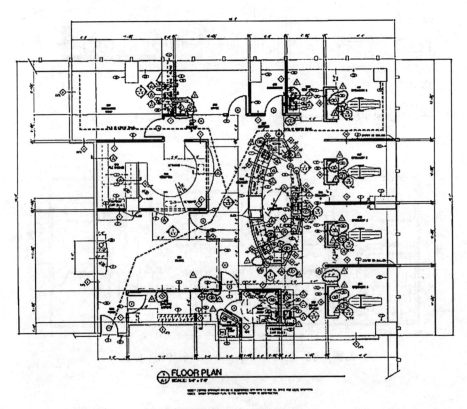

附图 1-67　Levin Dental Office［美国］(来源:Aaron Dahl 设计)

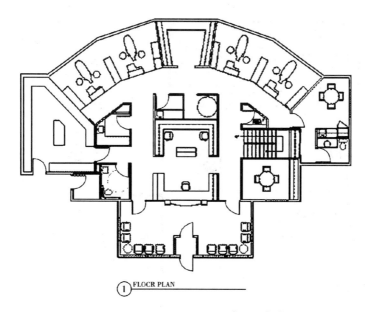

附图 1-68　Dental office located in Tigard, Oregon［美国］(来源：Yraguen Architect)

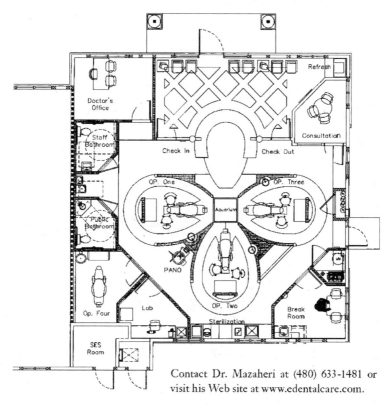

附图 1-69　Dental office by Dr. Mazaheri［美国］

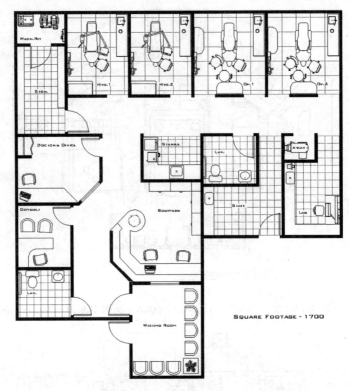

附图 1-70　Dental office［美国］

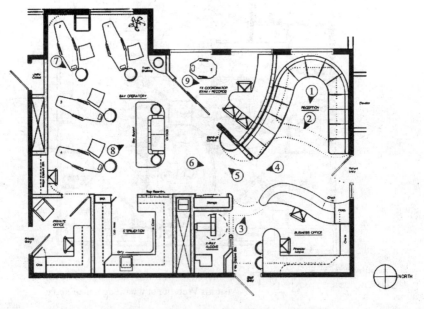

附图 1-71　Orthodontics of Stepovich M.J.［美国 California］（来源：Design for Health 设计）

大型口腔诊所空间设计案例

大型口腔诊所规模多为 5~9 个牙椅,雇佣人数不到 10 人,面积不到 200m²,大型口腔诊所多由成功的小型口腔诊所扩张而来,前期投资规模较大,管理与经营技术含量高。

第一节 空间设计案例

【案例】 **安弘植牙科医院(附图 2-1~ 附图 2-5)(吴锡奎(株)建筑设计集团 FUV 设计)**

[来源:韩国 PLUS 文化社编.医疗空间.永川,金载铉译.沈阳:第 1 版.辽宁科学技术出版社,2003.8.] [地址:韩国京畿道富川市元美区中洞]

[特色]

安弘植牙科医院作为私人矫正牙科医院规模较大,所以各科室的空间大小虽不成问题,但怎样确保各科室的功能和效率却成了设计的重点要求。以技工室为中心安排了其他科室,这是很自然的。将方案拿到现场,发现如何消除病人的不安心理是个关键问题。为此考虑到如何创造安稳的氛围,于是自然而然联想到用有纹理的木料和柔软的布料作为装修材料。

在以往设计医院建筑的过程中,利用内部照明的效果来减少病人的压抑感或反感是必要的,这就要把自然光和人造光有机地结合起来。为此,要尽量排除直接照明,间接照明效果最好。在候诊室、商谈室等处,在天棚与墙壁之间留出 300mm 的空隙,把灯箱嵌入壁内。于是,光线由天棚顺着墙壁往下照射。主诊疗室的就诊台上方也采用了这种方式。候诊室的造型,首先应考虑到空间的视觉效果和展示矫正牙齿标本的功能,再以金属装饰纹木的边角。总之,以简洁的线条和装修材料突出了单纯感,在主诊疗室和商谈室用彩色帘子装饰了窗户从而给空间引入了变化,并把这种变化再应用于接待室的接待台侧面以改变氛围。同时应用于科室,突出了诊疗这个主调,通过候诊室、商谈室、诊疗室的间接照明消除空间的不安感。

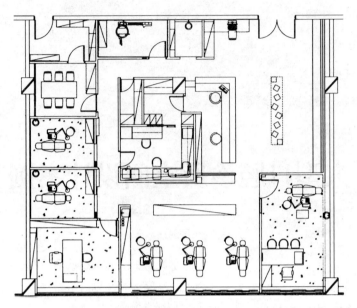

附图 2-1 安弘植牙科医院平面设计图[韩国]

附图 2-2 安弘植牙科医院入口处[韩国]

附图 2-3 安弘植牙科医院问讯处[韩国]

附图 2-4 安弘植牙科医院走廊[韩国]

附图 2-5 安弘植牙科医院走廊[韩国]

【案例】　Orthodontics of Snyder BJ（附图 2-6~ 附图 2-9）

［来源：Design for Health 设计，1992.］［地址：美国 California］

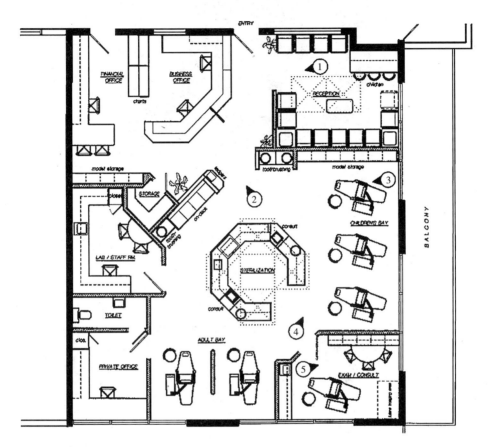

附图 2-6　Orthodontics of Snyder BJ，平面设计图［美国］

附图 2-7　Orthodontics of Snyder BJ
服务台

附图 2-8　Orthodontics of Snyder BJ
走廊

附图 2-9　Orthodontics of Snyder BJ 诊疗室［美国］

【案例】　圣佳牙科医院（附图 2-10～附图 2-12）（姜成道设计）

［来源：韩国 PLUS 文化社编．医疗空间．永川，金载铉，译．沈阳：辽宁科学技术出版社，2003.8.］［地址：韩国汉城市银坪区介贤洞］

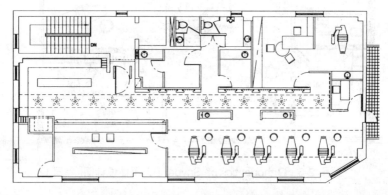

附图 2-10　圣佳牙科医院平面设计图［韩国］

附图 2-11　圣佳牙科医院问讯处［韩国］　　附图 2-12　圣佳牙科医院诊疗室［韩国］

[特色]

圣佳牙科医院含有"欢悦的心情"的概念,平时对治牙甚感恐惧的设计者,在这里有克服恐惧的含义。近来人们对美的物质素材开始感兴趣,开始用美的素材及其表现方式应用于设计之中。平时隐藏着,在需要时可以展开一览无遗的古典花圃,适应空间的局限性要求的露珠,吊灯所具有的对现代空间的异质感的表现……这里运用的三个素材,在设计要素中具有脱离时代感的特点,象征性极强的直抒意志的性格。象征花圃的素材深藏在墙体之内,这种深藏的美学将越来越丰富多彩,可以期待对周围及室内环境的改变。

【案例】　成都金琴牙科 VIP 医院(附图 2-13~ 附图 2-17)—李虹设计

[来源:李刚.牙科诊所开业管理.西安:第四军医大学出版社.2006.] [地址:成都市陕西街 108 号 7 楼]

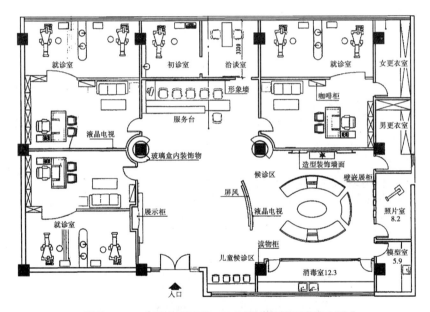

附图 2-13　成都金琴牙科 VIP 医院平面设计图[中国]

附图 2-14　成都金琴牙科 VIP 门诊大厅

附图 2-15　成都金琴牙科 VIP 门诊咨询处

附图 2-16　成都金琴牙科 VIP 门诊候诊大厅　　附图 2-17　成都金琴牙科 VIP 门诊消毒室

[特色]

金琴牙科是西南地区顶尖的口腔专科医院,在成都市享有盛名,自 1997 年成立以来,已建立了 6 家联盟诊所,总医疗面积近 2000m²,共设 60 余台治疗椅,口腔设备先进而齐全。成都金琴牙科 VIP 门诊完全按照美国的风格进行全封闭设计,每间屋内只有两台牙椅,精良的设备,幽雅的环境。金琴 VIP 门诊是牙病患者之家,金琴是美牙之所在。从初始设计阶段开始,便围绕体现顾客敏感的工作空间,初步为功能部门设计了主题,提供了和谐的行动路线规划和简单的类型形状及相应的材料。在这些基础上完成了建筑物设计。在现代与传统的罅隙里,营造一种亲切温馨、灵逸脱俗的生活气息。

【案例】　鹰冈電一齿科医院(附图 2-18~附图 2-21)

[来源:鹰冈電一.ぼくの開業日記——齿科医院ができるまで.东京:医齿药出版株式会社.200.122.][地址:日本]

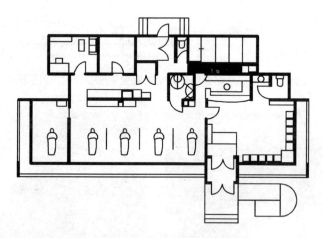

附图 2-18　齿科医院平面设计图[日本]

附图 2-19　齿科医院外景[日本]

附图 2-20　齿科医院问讯处[日本]　　　附图 2-21　齿科医院诊疗室[日本]

[特色]

　　前面有高平道路,本室的设计为即使从汽车的驾驶席也能够看到的医院。墙壁上安装的灯的灯光通过过道甚至可照到候诊室和诊室,光线设计非常精致,构成了一幅立体的画面,玄关的设计似乎像邀请人进入的假象,由于有充足的面积,因此,根据就诊病人的来往路线和工作人员的移动路线设定了平面图。

【案例】 Oral Surgery of Duran H.A. (**附图 2-22~ 附图 2-26**)
[来源:Design for Health 设计,1991.] [地址:美国加利福尼亚]

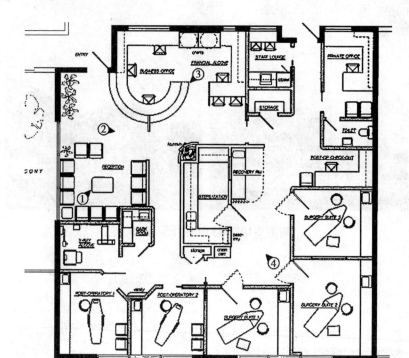

附图 2-22　Oral Surgery 平面设计图[美国]

附图 2-23　Oral Surgery 服务台[美国]

附图 2-24　Oral Surgery 候诊[美国]

附图 2-25　Oral Surgery 走廊[美国]

附图 2-26　Oral Surgery[美国]

【案例】　Orthodontics of Quan R（附图 2-27~ 附图 2-29）

［来源：Design for Health 设计,1991.］［地址：美国加利福尼亚］

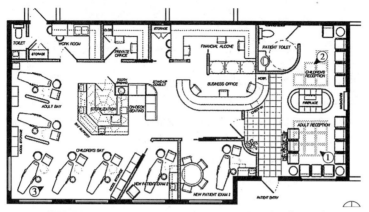

附图 2-27　Orthodontics of Quan R 平面设计图［美国］

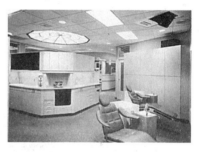

附图 2-28　Orthodontics of Quan R 候诊区［美国］

附图 2-29　Orthodontics of Quan R 诊疗区［美国］

【案例】　Orthodontics of Cuenin R.M.（附图 2-30~ 附图 2-34）

［来源：Design for Health 设计,1999.］［地址：美国加利福尼亚］

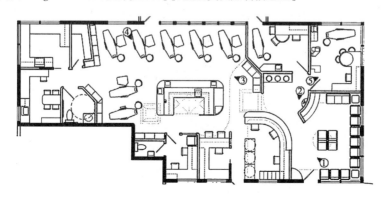

附图 2-30　Orthodontics of Cuenin R.M. 平面设计图［美国］

附图 2-31 Orthodontics of Cuenin R.M. 候诊区 [美国]

附图 2-32 Orthodontics of Cuenin R.M. 诊疗区 [美国]

附图 2-33 Orthodontics of Cuenin R.M. 服务台 [美国]

附图 2-34 Orthodontics of Cuenin R.M. 诊疗区 [美国]

【案例】 日本高知县西川齿科医院——西川文雄设计(附图 2-35~ 附图 2-37)

[地址:日本高知县南国市物部一五一二]

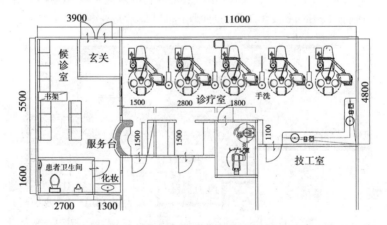

附图 2-35 西川齿科医院平面设计图 [日本]

附图 2-36　西川齿科医院服务台［日本］

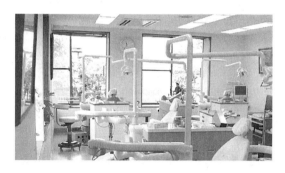

附图 2-37　西川齿科医院诊疗区［日本］

［特色］

西川齿科医院环境优雅,安静整洁。借鉴国际先进的医疗服务理念,精心营造亲切温馨的家居式服务氛围。采用世界一流的口腔设备和器械,性能良好,安全可靠,口腔诊疗全程更为舒适、流畅。

【案例】　德国汉堡牙科诊所——柏林 J MAYER H 建筑事务所设计（附图 2-38 和附图 2-39）

［来源:现代装饰 108-111］

［特色］

德国汉堡牙科诊所位于汉堡乔治大街的医疗中心,靠近汉堡商业区。内部空间通过模块化规划,用隔板分割成不同的功能,包括等待区、独立工作室、X 光室以及不同的医疗设备使用区,介于等待区与检查室,设计师将间隔板特意设计成可旋转式的,这样两个区域既可以机动地拼在一起,又可用于医疗教学观摩或讲学。蓝色和棕色是整个空间的主色调,地板、墙壁到屋顶采用蓝色和褐色,同时这两色也有效地缓和了前来就诊病人的情绪。独具创新的室内装潢与设计感十足的家具也搭配得天衣无缝。牙科中心的整体结构有点像飞机的头,呈半椭圆形,内部如同科幻小说中的太空飞船样神秘。这里找不到一面严格意义上的墙,因为整个空间被

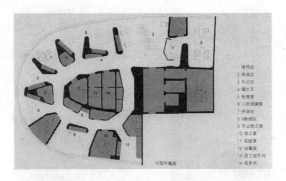

附图 2-38　德国汉堡牙科诊所设计图纸

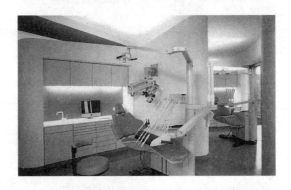

附图 2-39　德国汉堡牙科诊所开放诊室

棕色和蓝色的块体有机地分割成了不同的区域,而这些块体是中密度纤维板(MDF),再加上每个空间的顶面都巧妙地布置了同等形状的间接照明发光顶棚,使得它们看起来仿佛像发光的小隔间,科幻感十足。

【案例】　安庆市望江县雷池口腔门诊部——李望松医师设计(附图 2-40~附图 2-53)

[地址:安徽安庆市望江县雷阳路超宇广场 B 区]

[特色]

雷池口腔门诊部上下两层共 280m² 左右,地处繁华地段,位于餐饮娱乐一条街上。李望松医师认为从买房子,到自己设计,找人装修施工,是个辛苦也很满足的过程。李望松医师认为诊所装修两原则:①轻装修,重装饰;②简洁卫生,宽敞明亮。他认为在基层,太有品位的设计通常较难设计出来,即使能设计出来,可能这边的患者也未必能欣赏得出来,所以还是适应周围环境。在这种情况下最高档的装潢不仅是浪费精力和钱财,甚至还会吓跑一部分基层患者,所以符合当地的实际也许是最合理的设计。

候诊区沙发不只舒适,而且还能全部放平当床,设计得很巧妙。诊所全部是局域网,有15 个接点,由交换机和路由器控制,包括 X 光室里。治疗室整体定做的边柜较贵,因为台面

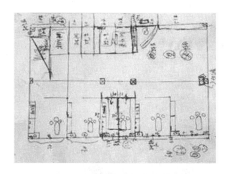

附图 2-40　李望松医师自己设计图纸

附图 2-41　李望松医师购买的门面房

附图 2-42　雷池口腔门诊部施工现场

附图 2-43　雷池口腔门诊部门牌

附图 2-44　雷池口腔门诊部候诊区

附图 2-45　雷池口腔门诊部服务前台

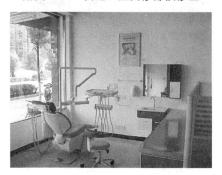

附图 2-46　雷池口腔门诊部开放诊室

附图 2-47　雷池口腔门诊部消毒室

附图 2-48　雷池口腔门诊部
x光室

附图 2-49　雷池口腔门诊部
材料室

附图 2-50　雷池口腔门诊部卫生间

附图 2-51　雷池口腔门诊部员工厨房

附图 2-52　雷池口腔门诊部员工小餐厅

附图 2-53　雷池口腔门诊部员工宿舍

全部是厚钢板冲压出来的,再配上金钢门,耐踢耐摔加防水。牙椅是西诺2315和西诺德的
FONA1000系列,每台牙椅旁边都配置了电脑。二楼设有4台牙椅。有员工使用的卫生间、厨
房和小餐厅,员工宿舍内有电视、电脑、空调,员工只有在休息好、娱乐好的情况下才能更好地
工作。

【案例】 北京华景齿科诊所（附图 2-54～附图 2-63）

［来源:北京华景齿科诊所,http://www.udental.com.cn］

［特色］

华景齿科诊所分别位于北京市朝阳区建国路 SOHO 现代城和安立路亚运村名人广场,第一次走进华景齿科的人往往会被这里温暖、优雅的亲切气氛所感染,马上会不由自主地融入这轻松宁静的环境,所有的恐惧和不安一扫而空,在轻松愉快中完成咨询和治疗,重获牙齿的健康与美丽。华景齿科诊所的客厅是病人进行咨询和休息的地方,牙齿形状的吊顶体现出主人的精心和细致,沙发外套的颜色是随季节变化而改变的,鱼缸里面的热带鱼悠闲地游弋,阅览架上的杂志永远是最新的,这里是属于小天使们的空间,挂满了小客人的绘画、手工作品,

附图 2-54　华景齿科前台

附图 2-55　华景齿科客厅

附图 2-56　华景齿科儿童候诊区

附图 2-57　华景齿科独立诊室

附图 2-58　华景齿科会议室

附图 2-59　华景齿科消毒室

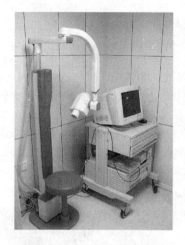

附图 2-60　华景齿科 X 光室

附图 2-61　华景齿科医疗柜

附图 2-62　华景齿科卫生间

附图 2-63　华景齿科绿色植物

　　每一个再次进入诊所的小朋友在电脑上看到的绝对不会是同样的动画片。每间诊室都配有一套完整的设备,各个诊室被装饰成不同的色彩,配上优雅的装饰画,每个病人都会在一间独立的诊室里接受治疗,病人不会担心自己的隐私问题。诊室里的背景音乐也可以通过中央音响系统独立调控,永远保持整洁的仪器和工作区域。诊所里随处可见大大小小的绿色植物,这里的每一片叶子都会经过擦拭。每一个进入卫生间的客人都会感觉到自己是第一个使用者,因为水池和厕所都不会有水滴,毛巾也是叠放整齐的。完美的牙科技术一方面取决于诊所的器械和材料等硬件设备、表现人性化的空间设计,更为重要的一方面是医生高超的专业技能和追求卓越的态度和精神,以及付诸于每一个具体细微的医疗实践。

第二节　平面设计案例

【案例】 牙科诊所(5 个牙椅)平面设计图(附图 2-64~ 附图 2-71)

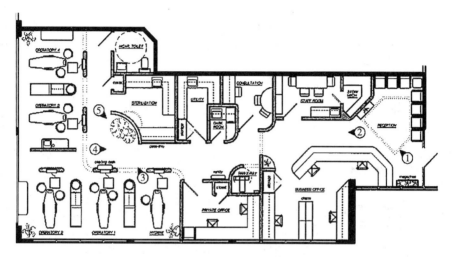

附图 2-64　General Dentistry of Larson D. [美国加利福尼亚] (来源:Design for Health 设计)

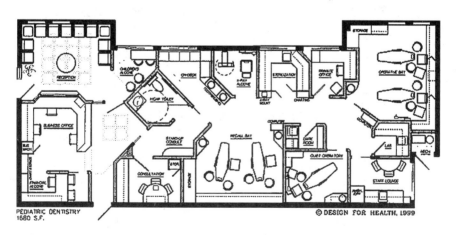

附图 2-65　Pediatric Dentistry of Drs. Harmon Sobel. [美国加利福尼亚] (来源: Design for Health 设计)

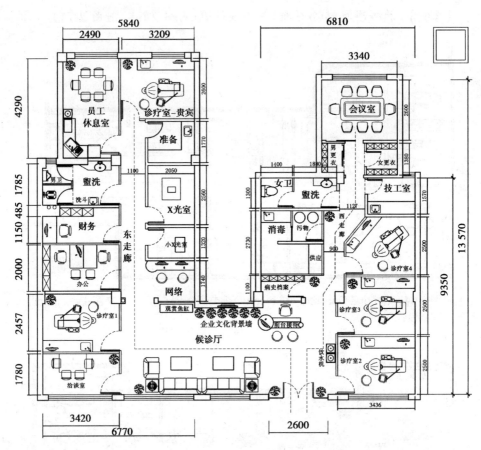

附图 2-66　上海雅杰口腔门诊部

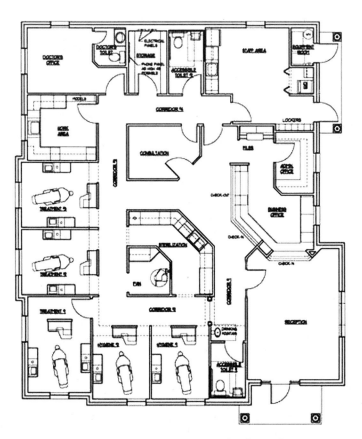

附图 2-67　牙科诊所平面设计图［美国］

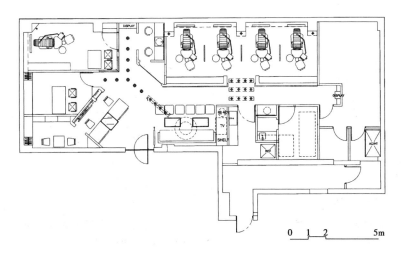

附图 2-68　青青牙科诊所［韩国］(来源:韩国产业图书出版公社编.医院与诊所室内设计.金卫华译.杭州:浙江科学技术出版社,2004.5.)

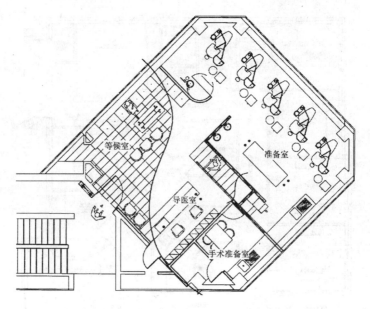

附图 2-69　校正牙科诊所［韩国］(来源:韩国产业图书出版公社编.医院与诊所室内设计.金卫华译.杭州:浙江科学技术出版社,2004.5.)

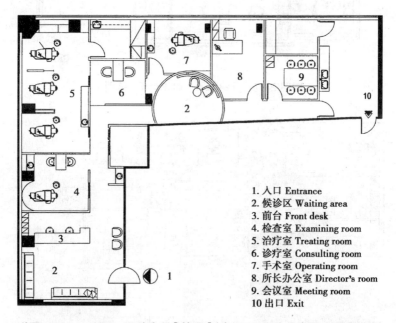

1. 入口 Entrance
2. 候诊区 Waiting area
3. 前台 Front desk
4. 检查室 Examining room
5. 治疗室 Treating room
6. 诊疗室 Consulting room
7. 手术室 Operating room
8. 所长办公室 Director's room
9. 会议室 Meeting room
10 出口 Exit

附图 2-70　Naeway 牙科诊所［韩国］(来源:深圳市金版文化发展有限公司主编.美容、医疗空间.西安:陕西旅游出版社,2005.4.)

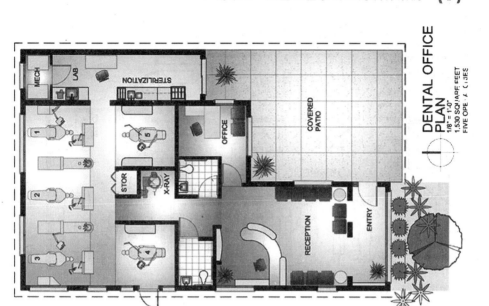

附图 2-71　牙科诊所（www.dentalofficedesignfl.com）

【案例】　牙科诊所（6 个牙椅）平面设计图（附图 2-72～附图 2-79）

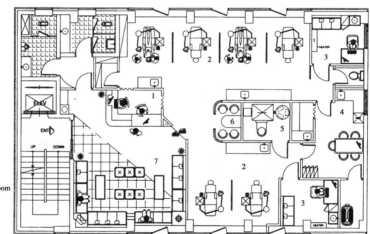

1.前台 Front desk
2.治疗室 Treating room
3.所长办公室 Director's room
4.护士室 Nurse's room
5.X 光室 X-ray room
6.诊疗室 Consulting room
7.候诊室 Warting area

附图 2-72　e Sarang 牙科诊所［韩国］（来源:深圳市金版文化发展有限公司主编.美容、医疗空间.西安:陕西旅游出版社,2005.4.）

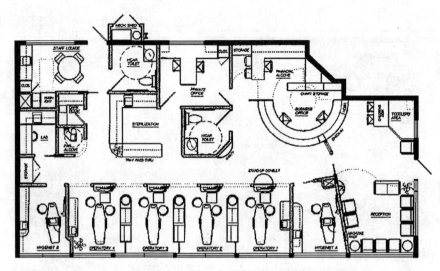

附图 2-73　General Dentistry of Drs. Miller［美国加利福尼亚］（来源：Design for Health 设计）

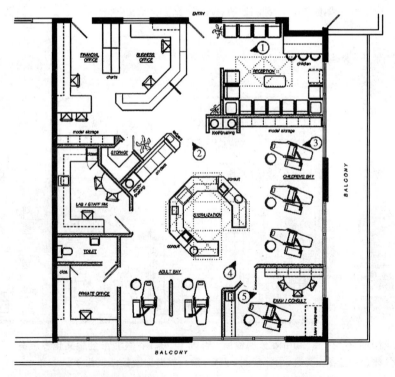

附图 2-74　Orthodontics　of Snyder B.J.［美国加利福尼亚］（来源：Design for Health 设计）

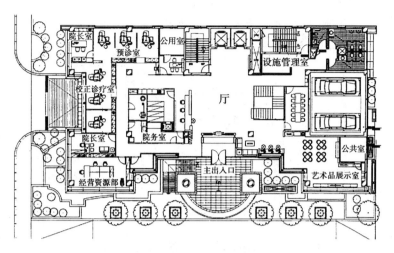

附图 2-75　美乐牙科诊所［韩国］(来源:韩国产业图书出版公社编.医院与诊所室内设计.金卫华译.杭州:浙江科学技术出版社,2004.5.)

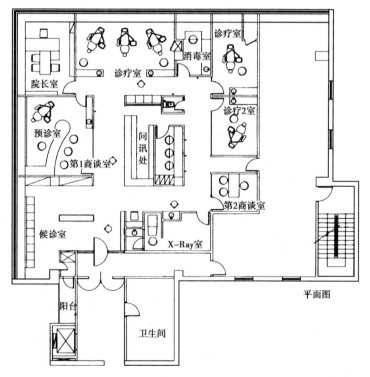

附图 2-76　高尚德牙科医院［韩国］(来源:韩国 PLUS 文化社编.医疗空间.永川,金载铉译.沈阳:辽宁科学技术出版社,2003.8.)

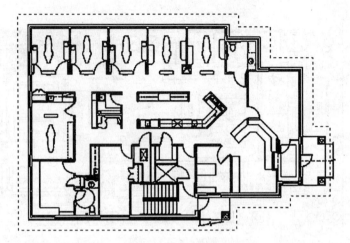

附图2-77　North Shore Periodontics［美国密歇根州特拉弗斯城］（来源：Birtles Hagerman Associates Architects 设计）

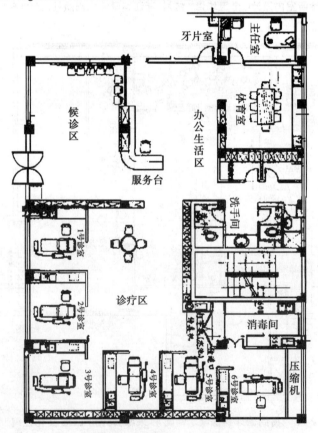

附图2-78　江苏省口腔医院第一门诊部［来源：王林,杨建荣,于志平.新时期牙科诊所的构建初探.口腔医学,2003,23(1):64-65.）]

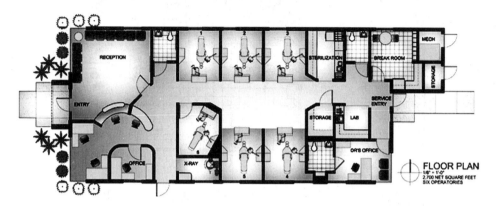

附图 2-79　牙科诊所（www.dentalofficedesignfl.com）

【案例】　牙科诊所（7 个牙椅）平面设计图（附图 2-80~ 附图 2-85）

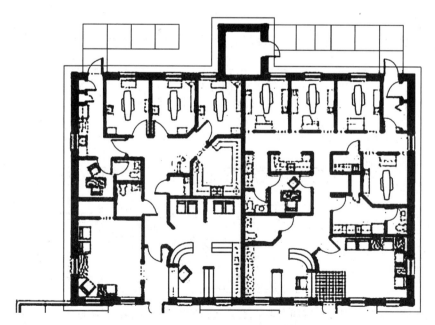

附图 2-80　North Shore［美国］（来源：Thomas Caldwell 设计）

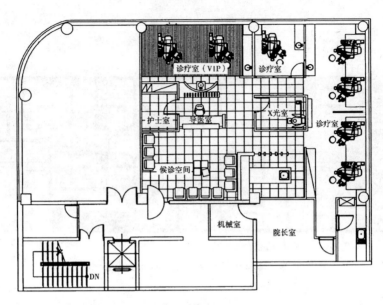

附图2-81　微笑牙科诊所［韩国］（来源:韩国产业图书出版公社编.金卫华译.医院与诊所室内设计.杭州:浙江科学技术出版社,2004.5.）

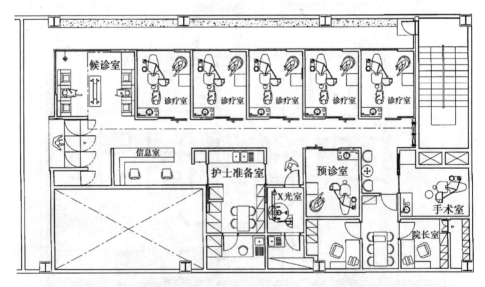

附图2-82　MD牙科诊所［韩国］(来源:韩国产业图书出版公社编.医院与诊所室内设计.金卫华译.杭州:浙江科学技术出版社,2004.5.）

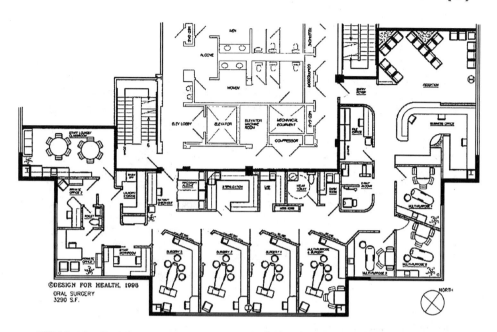

附图 2-83 Oral Surgery of Drs. McDonald［美国加利福尼亚］（来源：Design for Health 设计）

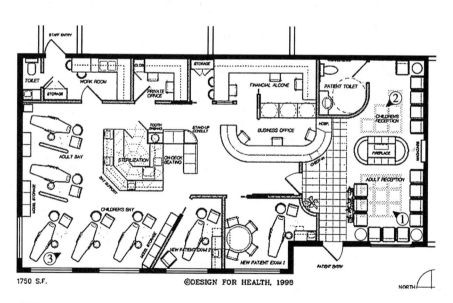

附图 2-84 Orthodontics of Drs. Richard Quan［美国加利福尼亚］（来源：Design for Health 设计）

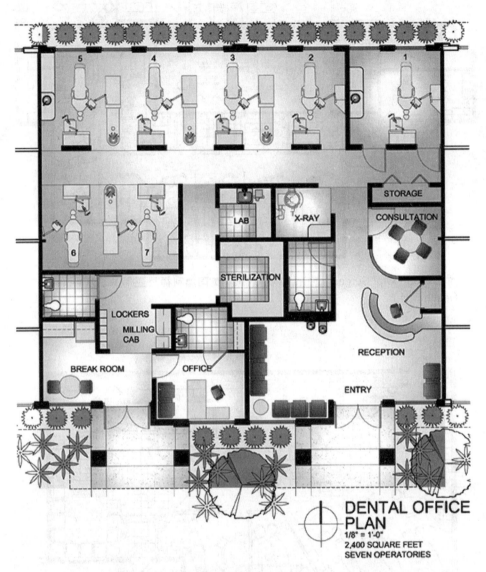

DENTAL OFFICE PLAN
1/8" = 1'-0"
2,400 SQUARE FEET
SEVEN OPERATORIES

附图 2-85　牙科诊所（www.dentalofficedesignfl.com）

【案例】 牙科诊所(8 个牙椅)平面设计图(附图 2-86 和附图 2-87)

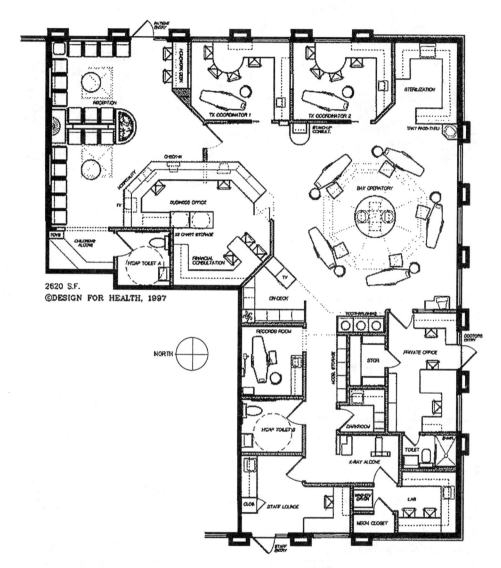

附图 2-86 Orthodontics of Drs. Scott Anderson [美国加利福尼亚] (来源：Design for Health 设计)

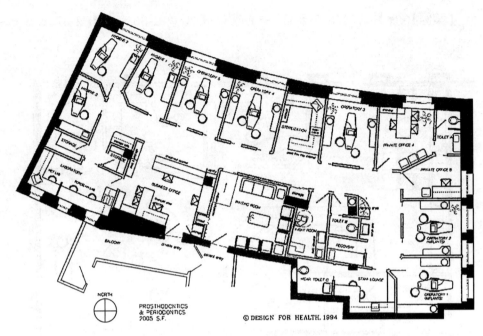

附图 2-87　Prosthodontics and Periodontics of Adriano Bracchetti, D.D.S. [美国加利福尼亚]（来源：Design for Health 设计）

【案例】 牙科诊所(9 个牙椅)平面设计图（附图 2-88 和附图 2-89）

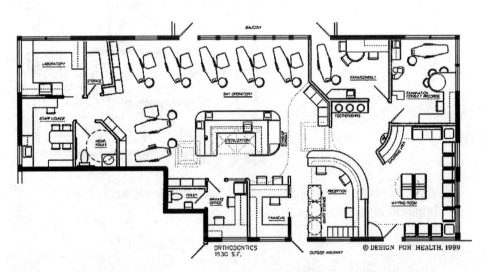

附图 2-88　Orthodontics of Drs. Cuenin R.M. [美国加利福尼亚]（来源：Design for Health 设计）

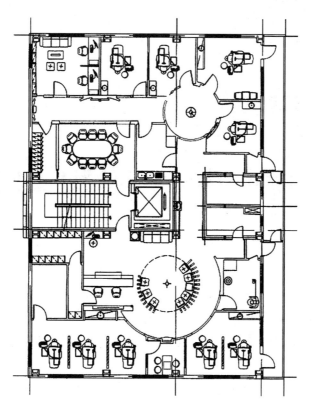

附图 2-89　李东元(株)DAS 牙科诊所［韩国］(来源:韩国产业图书出版公社编 . 杭州:医院与诊所室内设计 . 金卫华译 . 浙江科学技术出版社,2004.5.)

附 录 3

口腔门诊部空间设计案例

口腔门诊部规模多为10台以上牙椅,雇佣人数在10人以上,面积200m² 以上。口腔门诊部多由成功的大型口腔诊所扩张而来,多为投资型口腔诊所。前期投资规模较大,技术含量高,有一定风险;进入稳定期以后投入产出比例理想,经济收入稳定。

第一节　空间设计案例

【案例】　Fremont Dental Group（附图 3-1～附图 3-6）
[来源:Design for Health. 美国]

附图 3-1　Fremont Dental Group 平面设计图[美国]

附图 3-2　Fremont Dental Group 服务台 [美国]

附图 3-3　Fremont Dental Group 服务台 [美国]

附图 3-4　Fremont Dental Group 服务台 [美国]

附图 3-5　Fremont Dental Group 候诊区 [美国]

附图 3-6　Fremont Dental Group 候诊区 [美国]

【**案例**】 **Yes 牙科医院（李东远设计）（附图 3-7~ 附图 3-13）**

［来源:韩国 PLUS 文化社编 . 医疗空间 . 永川,金载铉译 . 沈阳:辽宁科学技术出版社, 2003.8.］［地址:韩国汉城市城北区屯暗洞］

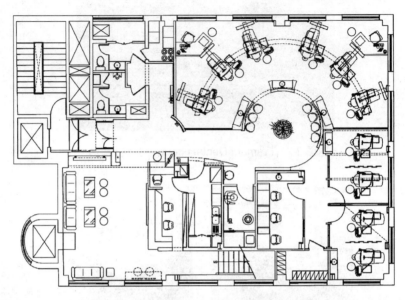

附图 3-7　Yes 牙科医院一楼平面设计图［韩国］

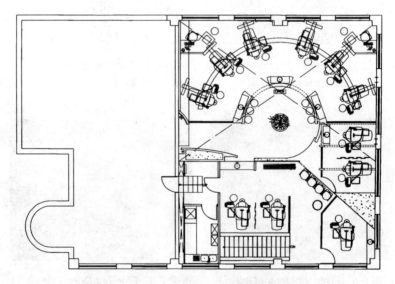

附图 3-8　Yes 牙科医院二楼平面设计图［韩国］

附图 3-9　Yes 牙科医院服务台 [韩国]

附图 3-10　Yes 牙科医院
候诊区 [韩国]

附图 3-11　Yes 牙科医
院楼 [韩国]

附图 3-12　Yes 牙科医院
候诊区 [韩国]

附图 3-13　Yes 牙科医院
诊疗室 [韩国]

[特色]

　　依据追求时尚的时代潮流,把生硬的牙科医院设计成温馨的场所,在实用的空间注入了自然主义的氛围。Yes 牙科医院是由 15 楼的休息厅改造而成,利用其 8m 高的天棚及双层构造的长处,自然地引入空间,显示了崭新的医院空间。

　　Yes 牙科医院的空间概念是“感情的交流”,将空间的造型相互衔接起来,固定下来,导入了医疗服务的闲暇概念。人们在空间同自然相遇,把外部景观引入空间内部。15 楼顶棚高,由双层构造组成,三面是窗户,汉城的美丽景色可尽收眼底。15 楼具有开阔的眺望条件,但却有远离自然的缺陷。在中央栽一棵能够影响整个空间的大树。各科室均由此辐射开来,各空间又围绕着它。望着它深思着,如同向日葵望着太阳一样。这棵“树”会给我们注入自然的生命力,在钢筋水泥之林中对于疲惫的现代人来说,这颗“树”无疑是个特殊的礼物。

【案例】 天津爱齿口腔门诊部——郭平川设计(附图 3-14~ 附图 3-21)

[来源:李刚主编.牙科诊所开业管理.西安:第四军医大学出版社,2006.][地址:天津市河西区九龙路泰达园底商 84 号]

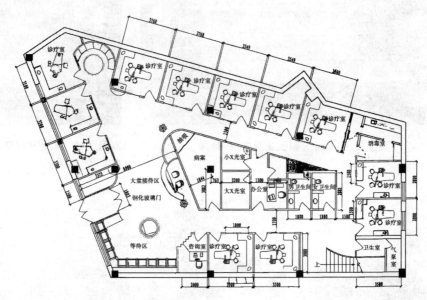

附图 3-14　天津爱齿口腔门诊部一楼平面设计图[中国]

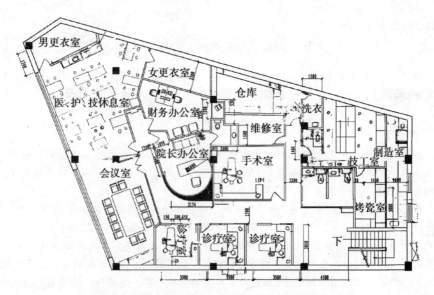

附图 3-15　天津爱齿口腔门诊部二楼平面设计图[中国]

附图 3-16　天津爱齿口腔门诊部
店面

附图 3-17　天津爱齿口腔门诊部服
务台

附图 3-18　天津爱齿口腔门诊部研
究区

附图 3-19　天津爱齿口腔门诊部儿
童候诊区

附图 3-20　天津爱齿口腔门诊部咨询室

附图 3-21　天津爱齿口腔门诊部走廊

[特色]

　　天津爱齿口腔门诊系由中华人民共和国卫生部在津批准的第一家中外合资口腔门诊部。该门诊部始建于 1996 年 2 月,1997 年 4 月正式运行,已接待了来自十几个国家和地区的中外人士累计达上万人次,在天津市已有了较高的信誉。本中心引进了先进的进口牙科设备材料,特别强调消毒,一人一机,完全无菌,避免交互感染。先进的中央抽吸系统,机器内安装了可以饮用的纯净水,使工作方便,环境更加卫生,保证了医疗安全。此外,重视优秀技术和良好服务相结合,每个诊室均是独立的,体现了人性化的舒适空间,每个顾客(病人)都由一名医师和护士接待,诊疗中采用国际上通用的四手操作。医院建筑面积920米^2,综合治疗台16张。近年从德国引进的一批先进的医疗设备,如真空铸造机、全瓷烤瓷炉、人工种植牙机及工具系列、全景断层X光机、计算机局部网络病例管理系统使医院的设备在同级医院中名列前茅,在市卫生局的关心和支持下进行了医院的用房改造,建成了人性化的诊疗医院。中心拥有中央空调,并分别设置了医护人员与顾客(病人)的隔离卫生间,咨询室,儿童活动区,使布局更合理,环境更幽雅,可时时刻刻让顾客(病人)感受到温馨的服务。从而大幅度改善了顾客(病人)的就医环境。

中心整体在满足功能安全、合理、舒适、有效的基础上,风格审美取向为局部简洁中式,吸取日式和风理念,力求禅味、恒静的空间营造。造型简洁,色调单纯沉静,光线柔和中性,材质朴素、亲和,使这个诊所成为一个理想的顾客(病人)就医场所,人们在这里能够感受到业主精心的装饰及处处为别人着想的温暖。

【案例】 Metro牙科医院(朴成哲设计)(附图3-22~附图3-24)
[来源:韩国PLUS文化社编.医疗空间.永川,金载铉译.沈阳:辽宁科学技术出版社,2003.][地址:韩国广州市东区琴南路三街]

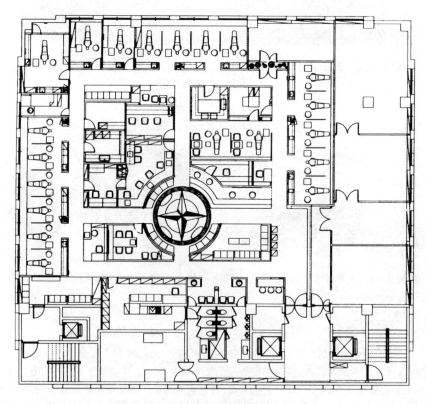

附图3-22 Metro牙科医院平面设计图

附图 3-23　Metro 牙科医院服务台及候诊室

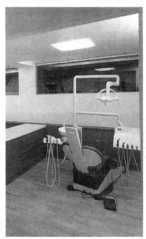

附图 3-24　Metro 牙科医院诊疗室

[特色]

　　Metro 牙科医院动线的体系化如同西欧广场上的方尖塔,以中心为轴,动线向四方辐射,又从四方收拢起来,各个空间需围绕这个中心轴,通道则辐射到各个空间。服务的高档化倾向于空间为顾客服务,也是营业方法之一。根据需求安排几个不同的候诊空间。新的牙齿文化整个设计与构思是现代的,用高强度的形象与客体脱离过去的牙科概念,这里不仅仅是治疗空间,也是休息的空间,通过多种体验提高兴趣,减少等待的烦闷。通过形象的画廊展示牙科的发展历史等,表现新的牙科治疗文化。

第二节　平面设计案例

【案例】　口腔门诊部（10 个牙椅）平面设计图（附图 3-25）

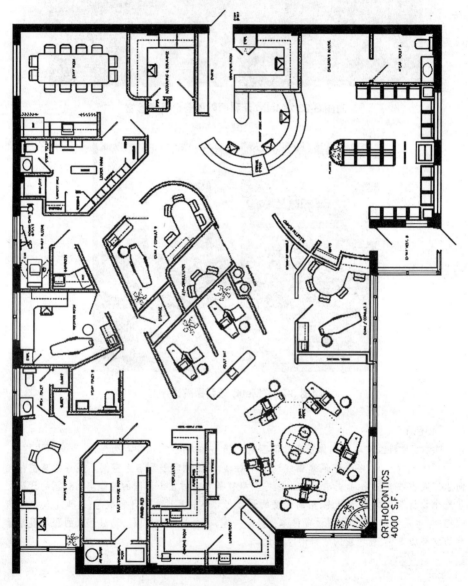

附图 3-25　Orthodontics of Philip S 平面设计图［来源：Design for Health, 1989.］［地址：美国 California］

【案例】　口腔门诊部(12 个牙椅)平面设计图(附图 3-26)

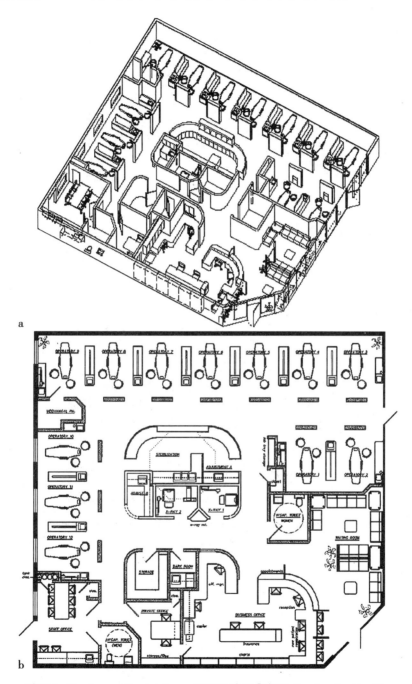

附图 3-26　Aspen Dental Care 平面设计图 [来源：Design for Health，1989.] [地址：美国 California]

【案例】 口腔门诊部(13个牙椅)平面设计图(附图 3-27)

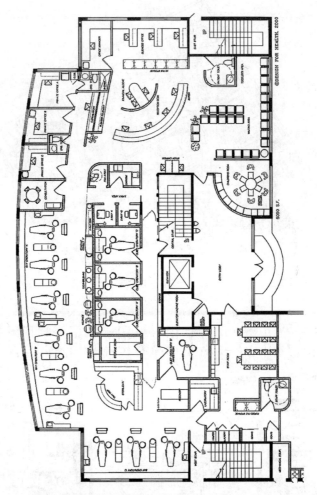

附图 3-27 Pediatric Dentistry of Dennis P 平面设计图 [来源:Design for Health,1989.][地址:美国 California]

【案例】 口腔门诊部(14 个牙椅)平面设计图(附图 3-28 和附图 3-29)

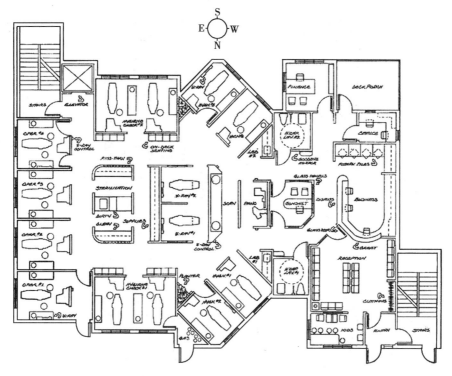

附图 3-28　Dental office 平面设计图

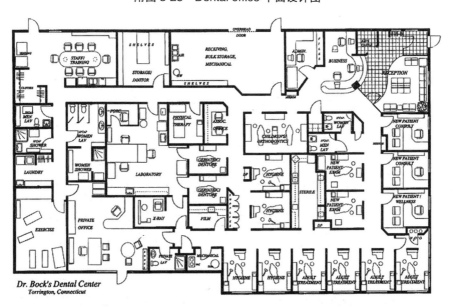

附图 3-29　Dr.Bock's Dental Center of 平面设计图

【案例】 牙科诊所(17个牙椅)平面设计图(附图 3-30)

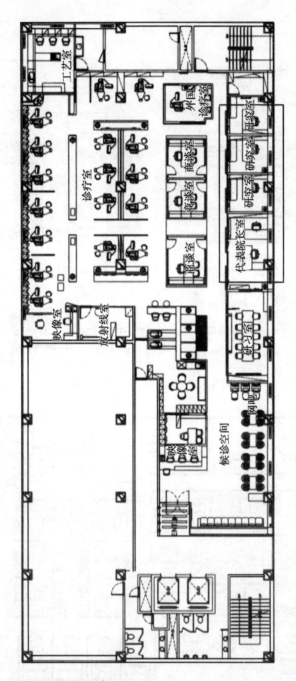

附图 3-30 明日牙科诊所平面设计图[韩国][来源:韩国产业图书出版公社编.医院与诊所
室内设计.金卫华译.杭州:浙江科学技术出版社,2004.5.]

附录 4

口腔医院空间设计案例

口腔医院规模多为20台以上的牙椅,雇佣人数在20人以上,面积500m² 以上。口腔医院多由成功的口腔门诊部所扩张而来,多为投资型口腔医院。前期投资规模较大,技术含量高,有一定风险;进入稳定期以后投入产出比例理想,经济收入稳定。

第一节　空间设计案例

【案例】　白天鹅口腔医院——张梅梅设计(附图 4-1~ 附图 4-12)
[地址:广东省惠州市惠阳区星河大道]

附图 4-1　白天鹅口腔医院前台

附图 4-2　白天鹅口腔医院候诊厅

附图4-3　白天鹅口腔医院一楼大厅主题墙

附图4-4　白天鹅口腔医院二楼前台

附图4-5　白天鹅口腔医院特诊室候诊厅

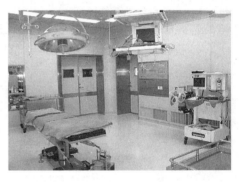

附图4-6　白天鹅口腔医院手术室

附图4-7　白天鹅口腔医院预防保健科

附图4-8　白天鹅口腔医院洁牙中心

附图 4-9　白天鹅口腔医院口腔内科

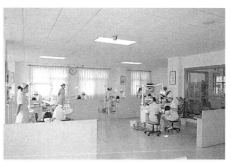

附图 4-10　白天鹅口腔医院口腔修复科

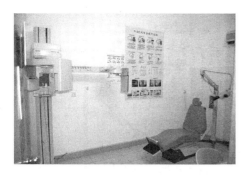

附图 4-11　白天鹅口腔医院放射科

附图 4-12　白天鹅口腔医院技工室

[特色]

　　白天鹅口腔医院是一家与众不同的口腔医院,有着一流的先进设备,一流的技术力量,一流的接待服务能力,无论从规模档次,还是人文环境,都可与大型城市的口腔医院相媲美,拥有牙科综合治疗椅 30 台,是城市口腔医疗界的佼佼者。白天鹅口腔医院共有四层,一楼门诊大厅约 100m²,宽敞而明亮;大厅的右侧,门诊吧台修长优雅,门诊候诊椅整齐排列,显得整个大厅舒适而豁亮。配套的电视音响一应俱全,大型金鱼缸占据一面墙壁,让候诊的人在等待中亦可享受音乐文化的熏陶,尤其墙面上医生的庄重誓言,更为患者提供了诚信保障。口腔医院设有如下科室:口腔内科、口腔颌面外科和口腔修复科、正畸科、口腔预防保健科、口腔急诊科、种植科、心理科、健康保健科、口腔特诊室、药剂科、检验科、放射科、消毒供应室、病案室、技工室,此外还专设了颌面外科手术室及病房。目前惠阳区白天鹅口腔医院是惠阳、大亚湾地区规模庞大、设备先进、技术过硬的口腔医院,医疗综合条件达到市级专科医院水平。

第二节 平面设计案例

【案例】 口腔医院(22 个牙椅)平面设计图(附图 4-13)

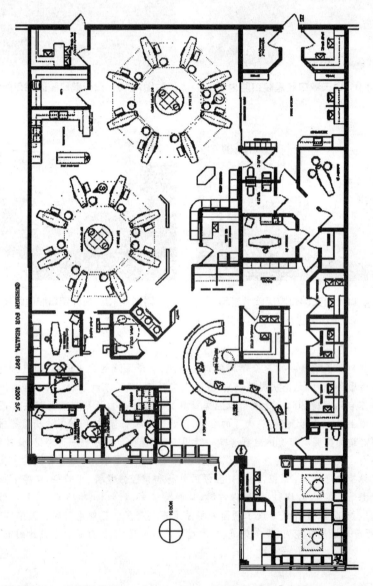

附图 4-13 Orthodontics of Larry Kawa 平面设计图 [来源:Design for Health, 1989.] [地址:美国加利福尼亚]

【案例】 口腔医院(25 个牙椅)平面设计图(附图 4-14 和附图 4-15)

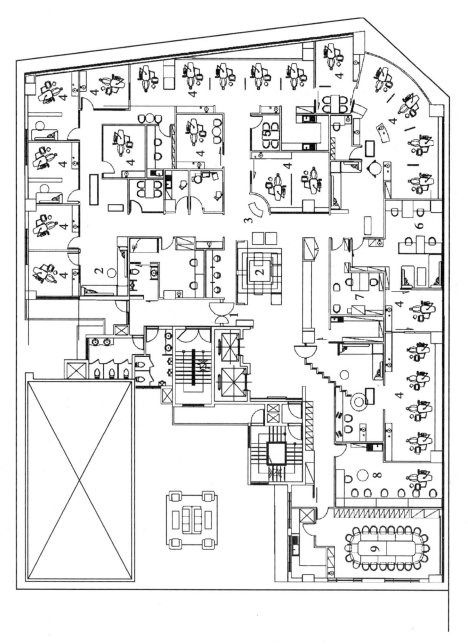

附图 4-14　苹果树牙科医院平面设计图[来源:深圳市金版文化发展有限公司主编 . 美容、医疗空间[M] . 西安:陕西旅游出版社,2005.]

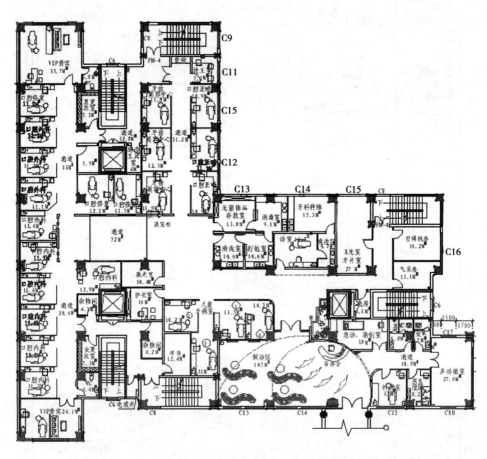

附图 4-15　口腔医院平面设计图 [来源：深圳绿川设计工作室出品]

【案例】　口腔医院(28 个牙椅)平面设计图(附图 4-16)

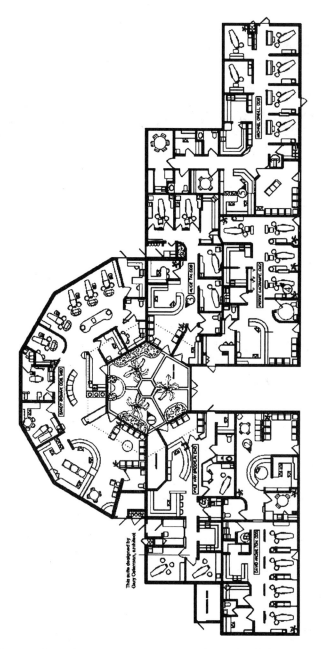

附图 4-16　Canyon Lakes Dental Centre 平面设计图[来源：Design for Health.][地址：美国加利福尼亚]

附　录　5

建筑装饰装修工程质量验收规范

中华人民共和国国家标准

建筑装饰装修工程质量验收规范

Code for construction quality

Acceptance of building decoration

GB 50210-2001

主编部门：中华人民共和国建设部

批准部门：中华人民共和国建设部

施行日期：2002 年 3 月 1 日

中国建筑工业出版社

2001 北京

关于发布国家标准《建筑装饰装修工程质量验收规范》的通知

　　根据建设部《关于印发一九九八工程建设国家标准制定、修订计划(第二批)的通知》(建标[1998]244 号)的要求,由建设部会同有关部门共同修订的《建筑装饰装修工程质量验收规范》,经有关部门会审,批准为国家标准,编号为 GB50210-2001,自 2002 年 3 月 1 日起施行。其中,3.1.1、3.1.5、3.2.3、3.2.9、3.3.4、3.3.5、4.1.12、5.1.11、6.1.12、8.2.4、9.1.8、9.1.13、9.1.14、12.5.6 为强制性条文,必须严格执行。原《装饰工程施工及验收规范》(GBJ210-83)、《建筑装饰工程施工及验收规范》(GBJ73-91)和《建筑工程质量检验评定标准》(GBJ301-88)中第十章、第十一章同时废止。

　　本标准由建设部负责管理,中国建筑科学研究院负责具体解释工作,建设部标准定额研究所组织中国建筑工业出版社出版发行。

中国人民共和国建设部

2001 年 11 月 1 日

前言

本标准是根据建设部建标[1998]244号文《关于印发一九九九年工程建设国家标准制订、修订计划(第二批)的通知》的要求,由中国建筑科学研究院会同有关单位共同对《建筑装饰工程施工及验收规范》(JGJ73-91)和《建筑工程质量检验评定标准》(GBJ301-88)修订而成的。

在修订过程中,规范编制组开展了专题研究,进行了比较广泛的调查研究,总结了多年来建筑装饰装修工程在设计、材料、施工等方面的经验,按照"验评分离、强化验收、完善手段、过程控制的方针,进行了全面的修改,并以多种方式广泛征求了全国有关单位的意见,对主要问题进行了反复修改,最后经审查定稿。

本规范是决定装饰装修工程能否交付使用的质量验收规范。建筑装饰装修工程按施工工艺和装修部位划分为10个子分部工程,除地面子分部工程单独成册外,其他9个子分部工程的质量验收均由本地规范作出规定。

本规范共分13章。前三章为总则、术语和基本规定。第4章至第12章为子分部工程的质量验收,其中每章的第一章节为一般规定,第二节及以后的各节为分项工程的质量验收。第13章为分部工程的质量验收。

本规范将来可能进行局部修订,有关局部修订的信息和条文内容将刊登在《工程建设标准化》杂志上。

本规范以黑体标志的条文为强制性条文,必须严格执行。

为了提高规范质量,请各单位在执行本规范的过程中,注意总结经验,积累资料,随时将有关的意见反馈给中国建筑科学研究院(通讯地址:北京市北三环东路30号,邮政编码:100013),以供今后修订时参考。

本规范主编单位: 参编单位和主要起草人:
本规范参编单位: 北京市建设工程质量监督总站
　　　　　　　　中国建筑第一装饰公司
　　　　　　　　深圳市建设工程质量监督检验总站
　　　　　　　　上海汇丽(集团)公司
　　　　　　　　深圳市科源建筑装饰工程有限公司
　　　　　　　　北京建谊建筑工程有限公司
本规范主要起草人: 孟小平　　侯茂盛　　张元勃　　熊　伟
　　　　　　　　　　李爱新　　龚万森　　李子新　　吴宏康
　　　　　　　　　　庄可章　　张　鸣

1 总则

1.0.1 为了加强建筑工程质量管理,统一建筑装饰装修工程的质量验收,保证工程质量,制定本规范。

1.0.2 本规范适用于新建、扩建、改建和既有建筑的装饰装修工程的质量验收。

1.0.3 建筑装饰装修工程的承包合同、设计文件及其他技术文件对工程质量验收的要求不得低于本规范的规定。

1.0.4 本规范应与国家标准《建筑工程施工质量验收统一标准》(GB 50300-2001)配套使用。

1.0.5 建筑装饰装修工程的质量验收除应执行本规范外,尚应符合国家现行有关标准的规定。

2 术语

2.0.1 建筑装饰装修 building decoration

为保护建筑物的主体结构、完善建筑物的使用功能和美化建筑物,采用装修装修材料或饰物,对建筑物的内外表面及空间进行的各种处理过程。

2.0.2 基体 primary structure

建筑物的主体结构或围护结构。

2.0.3 基层 base course

直接承受装饰装修施工的面层

2.0.4 细部 detail

建筑装饰装修工程中局部采用的部件或饰物。

3.1 设计

3.1.1 建筑装饰装修工程必须进行设计,并出具完整的施工图设计文件。

3.1.2 承担建筑装饰装修工程设计的单位应具备相应的资质,并应建立质量管理体系。由于设计原因造成的质量问题应由设计单位负责。

3.1.3 建筑装饰装修设计应符合城市规划、消防、环保、节能等有关规定。

3.1.4 承担建筑装饰装修设计的单位应对建筑物进行必要的了解和实地勘察,设计深度应满足施工要求。

3.1.5 建筑装饰装修工程设计必须保证建筑物的结构安全和主要使用功能。当涉及主体和承重结构改动或增加荷载时,必须由原结构设计单位或具备相应资质的设计单位核查有关原始资料,对既有建筑结构的安全性进行核验、确认。

3.1.6 建筑装饰装修工程的防火、防雷和抗震设计应符合现行国家标准的规定。

3.1.7 当墙体或吊顶内的管线可能产生冰冻或结露时,应进行防冻或防露设计。

3.2 材料

3.2.1 建筑装饰装修工程所用材料的品种、规格和质量应符合设计要求和国家现行标准的规定。当设计无要求时应符合国家现行标准的规定。严禁使用国家明令淘汰的材料。

3.2.2 建筑装饰装修工程所用材料的燃烧性能应符合现行国家标准《建筑内部装修设计防火规范》(GB 50222)、《建筑设计防火规范》(GBJ 16)和《记层民用建筑设计防火规范》(GB 50045)的规定。

3.2.3 建筑装饰装修工程所用材料应符合国家有关建筑装饰装修材料有害物质限量标准的规定。

3.2.4 所有材料进场即应对品种、规格、外观和尺寸进行验收。材料包装应完好,应有产品合格证书、中文说明书及相关性能的检测报告;进口产品应按规定进行商品检验。

3.2.5 进场后需要进行复验的材料种类及项目应符合本规范各章的规定。同一厂家生产的同一品种、同一类型的进场材料应至少抽取一组样品进行复验,当合同另有约定应按照合同执行。

3.2.6 当国家规定或合同约定应对材料进行见证检测时,或对材料的质量发生争议时,应进行见证检测。

3.2.7 承担建筑装饰装修材料检测的单位应具备相应的资质,并应建立质量管理体系。

3.2.8　建筑装饰装修工程所使用的材料在运输、储存和施工过程中,必须采取有效措施防止损坏、京戏质和污染环境。

3.2.9　建筑装饰装修工程所使用的材料应按设计要求进行防火、防腐和防虫处理。

3.2.10　现场配制的材料如砂浆、胶粘剂等,应按设计要求或产品说明书配制。

3.3　施工

3.3.1　承担建筑装饰装修工程施工的单位应具备相应的资质,并应建立质量管理体系。施工单位应编制施工组织设计并应经过审查批准。施工单位应按有关的施工工艺标准或经审定的施工技术方案施工,并应对施工全过程实行质量控制。

3.3.2　承担建筑装饰装修工程施工的人员应有相应岗位的资格证书。

3.3.3　建筑装饰装修工程的施工质量应符合设计要求和本规范的规定,由于设计文件和本规范的规定施工造成的质量问题应由施工单位负责。

3.3.4　建筑装饰装修工程施工中,严禁违反设计文件擅自改动建筑主体、承重结构或主要使用功能;严禁未经设计确认和有关部门批准擅自拆改水、暖、电、燃气、通讯等配套设施。

3.3.5　施工单位应遵守有关环境保护的法律法规,并应采取有效措施防治现场的各种粉尘、废气、废弃物、噪声、振动等对周围环境造成的污染和危害。

3.3.6　施工单位应遵守有关施工安全、劳动保护、防火和防毒的法律法规,应建立相应的管理制度,并应配备必要的设备、器具和标识。

3.3.7　建筑装饰装修工程应在基体或基层的质量验收合格后施工。对既有建筑进行装饰装修前,应对基层进行处理并达到本规范的要求。

3.3.8　建筑装饰装修工程施工前应有主要材料的样板或做样板间(件),并应经有关各方确认。

3.3.9　墙面采用保温材料的建筑装饰装修前,应对基层进行处理并达到本规范的要求。

3.3.10　管道、设备等安装及高度应在建筑装饰装修工程施工前完成,当必须同步进行时,应在饰面层施工前完成。装饰装修工程不得影响管道、设备等的使用和维修。涉及燃气管道的建筑装饰装修工程必须符合有关安全管理的规定。

3.3.11　建筑装饰装修工程的电器安装应符合设计要求和国家现行标准的规定。严禁不经穿管直接埋设电线。

3.3.12　室内外装饰装修工程施工的环境条件应满足施工工艺的要求。施工环境温度不应低于5℃。当必须在低于5℃气温下施工时,应采取保证工程质量的有效措施。

3.3.13　建筑装饰装修工程施工过程中应做好半成品、成品的保护,防止污染和损坏。

3.3.14　建筑装饰装修工程验收前应将施工现场清理干净。

4.1　一般规定

4.1.1　本章适用于一般抹灰、装饰抹灰和清水砌体色缝等分项工程的质量验收。

4.1.2　抹灰工程验收时应检查下列文件和记录:

抹灰工程的施工图、设计说明及其他设计文件。

材料的产品合格证书、性能检测报告、进场验收记录和复验报告。

隐蔽工程验收记录。

施工记录。

4.1.3　抹灰工程应对水泥的凝结时间和安定性进行复验。

4.1.4 抹灰工程应对下列隐蔽工程项目进行验收：

抹灰总厚度大于或等于35mm时的加强措施。

不同材料基体交接处的加强措施。

4.1.5 各分项工程的检验批应该按下列规定划分：

相同材料、工艺和施工条件的室外抹灰工程每500~1000mm² 应划分为一个检验批，不足500m² 也应划分为一个检验批。

相同材料、工艺和施工条件的室内抹灰工程每50个自然间(大面积房间和走廊按抹灰面积30m² 为一间)应划分为一个检验批，不足50间也应划分为一个检验批。

4.1.6 检查数量应符合下列规定：

室内每个检验批至少抽查10%，并不得少于3间；不足3间时应全数检查。

室外每个检验批每100m² 应至少抽查一处，每处不得小于10m²。

4.1.7 外墙抹灰工程施工前应先安装钢木门窗框、护栏等，并应将墙上的施工孔洞堵塞密实。

4.1.8 抹灰用的石灰膏的熟化期不应少于15d；罩面用的磨细石灰粉的熟化期不应少于3d。

4.1.9 室内墙面、柱面和门洞口的阳角做法应符合设计要求。设计无要求时，应采用1:2水泥砂浆做暗护角，其高度不应低于2m，每侧宽度不应小于50mm。

4.1.10 当要求抹灰层具有防水、防潮功能时，应采用防水砂浆。

4.1.11 各种砂浆抹灰层，在凝结前应防止快干、水冲、撞击、振动和受冻，在凝结后应采取措施防止玷污和损坏。水泥砂浆抹灰层应在湿润条件下养护。

4.1.12 外墙和顶棚的抹灰层与基层之间及各抹灰之间必须粘结牢固。

4.2 一般抹灰工程

4.2.1 本节适用于石灰砂浆、水泥砂浆、水泥混合砂浆、聚合物水泥砂浆和刀石灰、纸筋石灰、石膏灰等一般抹灰工程的质量验收。一般抹灰工程分为普通抹灰和高级抹灰，当设计无要求时，按普通抹灰验收。

主控项目

4.2.2 抹灰前基层表面的尘土、污垢、油渍等应清除干净，并应洒水润湿。检验方法：检查施工记录。

4.2.3 一般抹灰所用材料的品种和性能应符合设计要求。水泥的凝结时间和安定性复验应合格。砂浆的配合比应符合设计要求。

检验方法：检查产品合格证书、进场验收记录、复验报告和施工记录。

4.2.4 抹灰工程应分层进行。当抹灰总厚大于或等于35mm时，应采取加强措施。不同材料基体接处表面的抹灰，应采取防止开裂的加强措施，当采用加强网时，加强网与各基体搭接宽度不应小于100mm。

检验方法：观察；用小锤轻击检查；检查施工记录。

一般项目

4.2.5 一般抹灰工程的表面质量应符合下列规定：

通抹灰表面应光滑、洁净、接槎平整，分格缝应清晰。

高级抹灰表面应光滑、洁净、颜色均匀、无抹纹，分格缝和灰线应清晰美观。

检验方法：观察；手扳检查。

4.2.6　护角、孔洞、槽、盒周围的抹灰表面应整齐、光滑;管道后面的抹灰表面应平整。

检验方法:观察。

4.2.7　抹灰层的总厚度应符合设计要求;水泥厂耗资不得抹在石灰砂浆层上;罩面石膏灰不得抹在水泥砂浆层上。

检验方法:检查施工记录。

4.2.8　抹灰分格缝的设置应符合设计要求;宽度和深度应均匀,表面应光滑,棱角应整齐。

检查方法:观察;尺量检查。

4.2.9　有排水要求的部位应做滴水线(槽)。滴水线(槽)应整齐顺直,滴水线应内高外低,滴水槽的宽度和深度均不应小于 10mm。

检验方法:观察;尺量检查。

4.2.10　一般抹灰工程质量的允许偏差和检验方法应符合表 4.2.10 的规定。

表 4.2.10 一般抹灰的允许偏差和检验方法

注:1) 普通抹灰,本表第 3 项阴角方正可不检查;

2) 顶棚抹灰,本表第 2 项表面平整度可不检查,但应平顺

4.3　装饰抹灰工程

4.3.1　本节适用于水刷石、斩假石、干粘石、假面砖等装饰抹灰工程的质量验收。

主控项目

4.3.2　抹灰前基层表面尘土、污垢、油渍等应清除干净,并应洒水润湿。

检验方法:检查施工记录。

4.3.3　装饰抹灰工程所用材料的品种和性能应符合设计要求。水泥的凝结时间和安定性复验应合格。砂浆的配合比应符合设计要求。

检验方法:检查产品合格证书、进场验收记录、复验报告和施工记录。

4.3.4　抹灰工程应分层进行。当抹灰总厚度大于或等于 35mm 时,应采取加强措施。不同材料基体交接处表面的抹灰,应采取防止开裂的加强措施,当采用加强网时,加强网与各基体的搭接宽度不应小于 100mm。

检验方法:检查隐蔽工程验收记录和施工记录。

4.3.5　各抹灰层之间与基体之间必须粘接牢固,抹灰层应无脱层、空鼓和裂缝。

检验方法:观察;用小锤轻击检查;检查施工记录。

一般项目

4.3.6　装饰抹灰工程的表面质量应符合下列规定:

1　水刷石表面应石粒清晰、分布均匀、紧密平整、色泽一致,应无掉粒和接槎痕迹。

2　石表面剁纹应均匀顺直、深浅一致,应无漏剁处阳角处应横剁并留出宽窄一致的不剁边条,棱角应无损坏。

3　干粘石表面应色泽一致、不露浆、不漏粘,石粒应粘结牢固、分布均匀,阳角处应无明显黑边。

4　假面砖表面应平整、沟纹清晰、留缝整齐、色泽一致,应无掉角、脱皮、起砂等缺陷。

检查方法:观察;手摸检查。

4.3.7　装饰抹灰分格条(缝)的设置应符合设计要求,宽度和深度应均匀,表面应平整均匀,表面应平整光滑,棱角应整齐。

检查方法:观察。

4.3.8 有排水要求的部位应做滴水线(槽)。滴水线(槽)应整齐顺直,滴水线应内高外低,滴水槽的宽度和深度均不应小于 10mm。

检验方法:观察;尺量检查。

4.3.9 装饰抹灰工程质量的允许偏差和检验方法应符合表 4.3.9 的规定。

4.4 清水砌体勾缝工程

4.4.1 本节适用于清水砌体浆勾缝和原浆勾缝工程的质量验收。

主控项目

4.4.2 清水砌体勾缝所用水泥的凝结时间和安定性复验合格。砂浆的配合比应符合设计要求。

检验方法:检查复验报告和施工记录。

4.4.3 清水砌体勾缝应无漏勾。勾缝材料应粘结牢固、无开裂。

检验方法:观察。

一般项目

4.4.4 清水砌体勾缝应横平竖直,交接处应平顺,宽度和深度应均匀,表面应压实抹平。

检验方法:观察;尺量检查。

4.4.5 灰缝应颜色一致,砌体表面洁净。

检验方法:观察。

5 门窗工程

5.1 一般规定

5.1.1 本章适用于木门窗制作与安装、金属门窗安装、塑料门窗安装、特种门安装、门窗玻璃安装等分项工程的质量验收。

5.1.2 门窗工程验收时应检查下列文件和记录:

1 门窗工程的施工图、设计说明及其他设计文件。

2 材料的产品合格证书、性能检测报告、进场验收记录和复验报告。

3 特种门及其附件的生产许可文件。

4 隐蔽工程验收记录。

5 施工记录。

5.1.3 门窗工程应对下列材料及其他性能指标进行复验:

1 人造木板的甲醛含量。

2 建筑外墙金属窗、塑料窗的抗风压性能、空气渗透性能和雨水渗漏性能。

5.1.4 门窗工程应对下列隐蔽工程项目进行验收:

1 预埋件和锚固件。

2 隐蔽部分的防腐、填嵌处理。

5.1.5 各分项工程的检验批应按下列规定

1 同一品种、类型和规格的木门窗、金属门窗、塑料门窗及门窗玻璃每 100 樘应划分为一个检验批。

2 同一品种、类型和规格的特种门每 50 樘应划分为一个检验批,不足 50 樘也应划分为一个检验批。

5.1.6 检查数量应符合下列规定:

1 木门窗、金属门窗、塑料门窗及门窗玻璃,每个检验批应至少抽查5%,并不得少于3

榫,不足 3 榫时应全数检查;高层建筑的外窗,每个检验批应至少抽查 10%,并不得少于 6 榫,不足 6 榫时应全数检查。

2 特种门每个检验批应至少抽查 50%,并不得少于 10 榫,不足 10 榫时应全数检查。

5.1.7 门窗安装前,应对门窗洞口尺寸进行检验。

5.1.8 金属门窗和塑料门窗安装应采用预留洞口的方法施工,不得采用边安装边砌口或先安装后砌口的方法施工。

5.1.9 木门窗与砖石砌体、混凝土或抹灰层接触处应进行防腐处理。

5.1.10 当金属窗或塑料窗组合时,其拼樘料的尺寸、规格、壁厚应符合设计要求。

5.1.11 建筑外门窗的安装必须牢固。在砌体上安装门窗严禁用射针固定。

5.1.12 特种门安装除应符合设计要求和本规范规定外,还应符合有关专业标准和主管部门的规定。

5.2 木门窗制作与安装工程

5.2.1 本节适用于木窗制作与安装工程的质量验收。

主控项目

5.2.2 木门窗的木材品种、材质等级、规格、尺寸、杠记的线型及人造木板的甲醛含量应符合设计要求。设计未规定材质等级时,所用木材的质量应符合本规范附录 A 的规定。

检验方法:观察;检查材料进场验收记录和复验报告。

5.2.3 木门窗应采用烘干的木材,含水率应符合《建筑木门、木窗》(JG/T 122)的规定。检验方法:检查材料进场验收记录。

5.2.4 木门窗的防火、防腐、防虫处理应符合设计要求。

检验方法:观察;检查材料进场验收记录。

5.2.5 木门窗的结合处和安装配件处不得有木节或已填补的木节。木门窗如有允许限值以内的死节及直径较大的虫眼时,应用同一材质的木塞加胶填补。对于清漆制口,木塞的木纹和色泽应与制口一致。

检验方法:观察。

5.2.6 门窗框和厚度大于 50mm 的门窗扇应用双榫连接。榫槽应采用胶料严密嵌合,并应用胶楔加紧。

检验方法:观察;手扳检查。

5.2.7 胶合板门、纤维板门和模压门不得脱胶。胶合板不得刨透表层单板,不得有戗槎。制作胶合板门、纤维板门时,边框和横楞应在同一平面上,面层、边框及横楞应加压胶结。横楞和上、下冒头应各钻两个以上的透气孔,透气孔应通畅。

检验方法:观察。

5.2.8 木门窗的品种、类型、规格、开启方向、安装位置及连接方式应符合设计要求。

检验方法:观察;尺量检查;检查成品门的产品合格证书。

5.2.9 木门窗框的安装必须牢固。预埋木砖的防腐处理、木门窗框固定点的数量、位置及固定方法应符合设计要求。

检验方法:观察;手扳检查;检查隐蔽工程验收记录和施工记录。

5.2.10 木门窗必须安装牢固,并应开关灵活,关守严密,无倒翘。

检验方法:观察;开启和卷边检查;手扳检查。

5.2.11 木门窗配件的型号、规格、数量应符合设计要求,安装应牢固,位置应正确,功能应满足使用要求。

检验方法：观察；手扳检查；检查隐蔽工程验收记录和施工记录。

一般项目

5.2.12 木门窗表面应洁净，不得有刨痕、锤印。

检验方法：观察。

5.2.13 木门窗的割角、拼缝应严密平整。门窗框、扇裁口应顺直，刨面应平整。

检验方法：观察。

5.2.14 木门窗上的槽、孔应边缘整齐，无毛刺。

检验方法：观察。

5.2.15 木门窗与墙体间缝隙的填嵌材料应符合设计要求，填嵌应饱满。寒冷地区外门窗（或门窗框）与砌体间的空隙应该填充保温材料。

检验方法：轻敲门窗框检查；检查隐蔽工程验收记录和施工记录。

5.2.16 木门窗批水、盖口条、压缝条、密封条的安装应顺直，与门窗结合应牢固、严密。

检验方法：观察；手扳检查。

5.2.17 木门窗制作的允许偏差和检验方法应符合表 5.2.17。

表 5.2.17 木门窗制作的允许偏差和检验方法

5.2.18 木门窗安装的留缝限值、允许偏差和检验方法应符合表 5.2.18 的规定。

表 5.2.18 木门窗安装的留缝限值、允许偏差和检验方法

5.3 金属门窗安装工程

5.3.1 本节适用于钢门窗、铝合金门窗、涂色镀锌钢板门窗等金属门窗安装工程的质量验收。

主控项目

5.3.2 金属门窗的品种、类型、规格、尺寸、性能、开启方向、安装位置、连接方式及铝合金六窗的型材壁厚应符合设计要求。金属门窗的防腐处理及填嵌、密封处理应符合设计要求。

检验方法：观察；尺量检查；检查产品合格证书、性能检测报告、进场验收记录和复验报告；检查隐蔽工程验收记录。

5.3.3 金属门窗框和副框的安装必须牢固。预埋件的数量、位置、埋设方式、与框的连接方式必须符合设计要求。

检验方法：手扳检查；检查隐蔽工程验收记录。

5.3.4 金属门窗扇必须安装牢固，并应开关灵活、关闭严密、无倒翘。推拉门窗扇必须有防脱落措施。

检验方法：观察；开启和关闭检查；手扳检查。

5.3.5 金属门窗配件的型号、规格、数量应符合设计要求，安装应牢固，位置应正确，功能应满足使用要求。

检验方法：观察；开启和关闭检查；手扳检查。

一般项目

5.3.6 金属门窗表面应洁净、平整、光滑、色泽一致，无锈蚀。大面应无划痕、碰伤。漆膜或保护层应连续。

检验方法：观察。

5.3.7 铝合金门窗推拉门窗扇开关力应不大于 100N。

检验方法:用弹簧秤检查。

5.3.8　金属门窗框与墙体之间的缝隙应填嵌饱满,并采用密封胶密封。密封胶表面应光滑、顺直,无裂纹。

检验方法:观察;轻敲门窗框检查;检查隐蔽工程验收记录。

5.3.9　金属门窗扇的橡胶密封条或毛毡密封条应安装完好,不得脱槽。

检验方法:观察;开启和关闭检查。

5.3.10　有排水孔的金属门窗,排水孔应畅通,位置、数量应符合设计要求。

检验方法:观察。

5.3.11　钢门窗安装的留缝限值、允许偏差和检验方法应符合表 5.3.11 的规定。

表 5.3.11　钢门窗安装的留缝限值、允许偏差和检验方法

5.3.12　铝合金门窗安装的允许偏差和检验方法应符合表 5.3.12 的规定。

表 5.3.12　铝合金门窗安装的允许偏差和检验方法

5.3.13　涂色镀锌钢板门窗安装的允许偏差和检验方法应符合表 5.3.13 的规定。

表 5.3.13　涂色镀锌钢板门窗安装的允许偏差和检验方法

5.4　塑料门窗工程安装工程的质量验收

5.4.1　本节适用于塑料门窗安装工程的质量验收。

主控项目

5.4.2　塑料门窗的品种、类型、规格、尺寸、开启方向、安装位置、连接方式及填嵌密封处理应符合设计要求,内衬增强型钢的壁厚及设置应符合国家现行产品标准的质量要求。

检验方法:观察;尺量检查;检查产品合格证书、性能检测报告、进场验收记录和复验报告;检查隐蔽工程验收记录。

5.4.3　塑料门窗框、副框和扇的安装必须牢固。固定片或膨胀螺栓的数量与位置应正确,连接方式应符合设计要求。固定点应距窗胆、中横框、竖框 150~200mm,固定点间距应不大于600mm。

检验方法:观察;手扳检查:检查隐蔽工程验收记录。

5.4.4　塑料门窗拼料内衬增强型钢的规格、壁厚必须符合设计要求,型钢应与型材内腔紧密吻合,其两端必须与洞口固定牢固。窗框必须与樘料连接紧密,固定点间距应不大于600mm。

检验方法:观察;手扳检查;尺量检查;检查进场验收记录。

5.4.5　塑料门窗扇应开关灵活、关闭严密,无倒翘。推拉门窗扇必须有防脱落措施。

检验方法:观察;开启和关闭检查;手扳检查。

5.4.6　塑料门窗配件的型号、规格、数量应符合设计要求,安装应牢固,位置应正确,功能应满足使用要求。

检验方法:观察;手扳检查;尺量检查。

5.4.7　塑料门窗框与墙体间缝隙应采用闭孔弹性材料填嵌饱满,表面应采用密封胶密封。密封胶应粘结牢固,表面应光滑、顺直、无裂纹。

检验方法:观察;检查隐蔽工程验收记录。

一般项目

5.4.8　塑料门窗表面应洁净、平整、光滑,大面应无划痕、碰伤。

检验方法:观察。

5.4.9 塑料门窗扇的密封条不得脱槽。旋转窗间隙应基本均匀。

5.4.10 塑料门窗扇的开关力应符合下列规定:

1 平开门窗扇平铰链的开关力不应大于 80N;滑撑铰链的开关力应不大于 80N,并大于 30N。

2 推拉门窗的开关力应不大于 100N。

检验方法:观察;用弹簧秤检查。

5.4.11 玻璃密封条与玻璃及玻璃槽口的接缝应平整,不得卷边、脱槽。

检验方法:观察。

5.4.12 排水孔应畅通,位置和数量应符合设计要求。

检验方法:观察。

5.4.13 塑料门窗安装的允许偏差和检验方法应符合表 5.4.13 的规定

5.5 特种门安装工程

5.5.1 本节适用于防火门、防盗门、自动门、全玻门、旋转门、金属卷帘门等特种门安装工程的质量验收。

主控项目

5.5.2 特种门的质量和各项性能应符合设计要求。

检验方法:检查生产许可证、产品合格证书和性能检测报告。

5.5.3 特种门的品种、类型、规格、尺寸、开启方向、安装位置及防腐处理符合设计要求。

检验方法:观察;尺量检查;检查进场验收记录和隐蔽工程验收记录。

5.5.4 带有机械装置、自动装置或智能化装置的特种门,其机械装置、自动装置或智能化装置的功能应符合设计要求和有关标准的规定。

检验方法:启动机械装置、自动装置或智能化装置,观察。

5.5.5 特种门的安装必须牢固。预埋件的数量、位置、埋设方式、与框的连接方式必须符合设计要求。

检验方法:观察;手扳检查;检查隐蔽工程验收记录。

5.5.6 特种门的配件应齐全,位置应正确,安装应牢固,功能应满足使用要求和特种门的各项性能要求。

检验方法:观察;手扳检查;检查产品合格证书、性能检测报告和进场验收记录。

一般项目

5.5.7 特种门的表面装饰应符合设计要求。

检验方法:观察。

5.5.8 特种门的表面应洁净,无划痕、碰伤。

检验方法:观察。

5.5.9 推拉自动门安装的留缝限值、允许偏差和检验方法应符合表 5.5.9 的规定。

表 5.5.9 推拉自动门安装的留缝限值、允许偏差和检验方法

5.5.10 推拉自动门的感应时间限值和检验方法应符合表 5.5.10 的规定。

表 5.5.10 推拉自动门的感应时间限值和检验方法

5.5.11 旋转门安装的允许偏差和检验方法应符合表 5.5.11 的规定。

表 5.5.11 旋转门安装的允许偏差和检验方法

5.6 门窗玻璃安装工程

5.6.1　本节适用于平板、吸热、反射、中空、夹层、夹丝、磨砂、钢化、压花玻璃等玻璃安装工程的质量验收。

主控项目

5.6.2　玻璃的品种、规格、尺寸、色彩、图案和涂膜朝身应符合设计要求。单块玻璃大于1.5m 时应使用安全玻璃。

检验方法:观察;检查产品合格证书、性能检测报告和进场验收记录。

5.6.3　门窗玻璃裁割尺寸应正确。安装后的玻璃应牢固,不得有裂纹、损伤和松动。

检验方法:观察;轻敲检查。

5.6.4　玻璃的安装方法应符合设计要求。固定玻璃的钉子或钢丝卡的数量、规格应保证玻璃安装牢固。

检验方法:观察;检查施工记录。

5.6.5　镶钉木压条接触玻璃处,应与裁口边缘平齐。木压条应互相紧密连接,并与裁口边缘紧贴,割角应整齐。

检验方法:观察。

5.6.6　密封条与玻璃、玻璃槽口的接触应紧密、平整。密封胶与玻璃、玻璃槽口的边缘应粘结牢固、接缝平齐。

检验方法:观察。

5.6.7　带密封条的玻璃压条,其密封条必须与玻璃全部贴紧,压条与型材之间应无明显缝隙,压条接缝应不大于 0.5mm。

检验方法:观察;尺量检查。

一般项目

5.6.8　玻璃表面应洁净,不得有腻子、密封胶、涂料等污渍。中空玻璃内外表面均应洁净,玻璃中空层内不得有灰尘和水蒸气。

检验方法:观察。

5.6.9　门窗玻璃不应直接接触型材。单面镀膜玻璃的镀膜层及磨砂玻璃的磨砂面应朝向室内。中空玻璃的单面镀膜玻璃应在最外层,镀膜层应朝向室内。

检验方法:观察。

5.6.10　腻子应填抹饱满、粘结牢固;腻子边缘与裁口应平齐。固定玻璃的卡子不应在腻子表面显露。

检验方法:观察。

6　吊顶工程

6.1　一般规定

6.1.1　本章适用于暗龙骨吊顶、明龙骨吊顶等分项工程的质量验收。

6.1.2　吊顶工程验收时应检查下列文件和记录;

1　吊顶工程的施工图、设计说明及其他设计文件。

2　材料的产品合格证书、性能检测报告、进场验收记录和复验报告。

3　隐蔽工程验收记录。

4　施工记录。

6.1.3　吊顶工程应对人造木板的甲醛含量进行复验。

1　吊顶内管道、设备的安装及水管试压。

2 木龙骨防火、防腐处理。

3 预埋件或拉结筋。

4 吊杆安装。

5 龙骨安装。

6 填充材料的设置。

6.1.4 各分项工程的检验批应按下列划分:

同一品种的吊顶工程每 50 间(大面积和走廊按吊顶面积 30m² 为一间)应划分为一个检验批,不足 50 间也应划分为一个检验批。

6.1.5 检查数量应符合下列规定:

每个检验批应至少抽查 10%,并不得少于 3 间,不足 3 间时应全数检查。

6.1.6 安装龙骨前,应按设计要求对房间净高、洞口标高和吊顶内管道、设备及其他支架的标高进行交接检验。

6.1.7 吊顶工程的木吊杆、木龙骨和木饰面板必须进行防火处理,并应符合有关设计防火规范的规定。

6.1.8 吊顶工程中的预埋件、钢筋吊杆和型钢吊杆应进行防锈处理。

6.1.9 安装饰面板前应完成吊顶内管道和设备的调试及验收。

6.1.10 吊杆距主龙骨端部距离不得大于 300mm,当大于 300mm 时,应增加吊杆。当吊杆长度大于 1.5m 时,应设置反支撑。当吊杆与设备相遇时,应调整并增设吊杆。

6.1.11 重型灯具、电扇及其他重型设备严禁安装在吊顶工程的龙骨上。

6.2 暗龙骨吊顶工程

6.2.1 本节适用于以轻钢龙骨、铝合金龙骨、木龙骨等为骨架,以石膏板、金属板、矿棉板、木板、塑料板或格栅等为饰面材料。

主控项目

6.2.2 饰面标高、尺寸、起拱和造型应符合设计要求。

检验方法:观察;尺量检查。

6.2.3 饰面材料的材质、品种、规格、图案和颜色应符合设计要求。

检验方法:观察;检查产品合格证书、性能检测报告、进场验收记录和复验报告。

6.2.4 暗龙骨吊顶工程的吊杆、龙骨和饰面材料的安装必须牢固。

检验方法:观察;手扳检查;检查隐蔽工程验收记录和施工记录。

6.2.5 吊杆、龙骨的材质、规格、安装间距及连接方式应符合设计要求。金属吊杆、龙骨应经过表面防腐处理;木吊杆、龙骨应进行防腐、防火处理。

检验方法:观察;尺量检查;检查产品合格证书、性能检测报告、进场验收记录和隐蔽工程验收记录。

6.2.6 石膏板的接缝应按其施工工艺标准进行板缝防裂处理。安装双层石膏板时,面层板与基层板的接缝应错开,并不得在同一根龙骨上接缝。

检验方法:观察。

一般项目

6.2.7 饰面材料表面应洁净、色泽一致,不得有翘曲、裂缝及缺损。压条应平直、宽窄一致。

检验方法:观察;尺量检查。

6.2.8 饰面板上的灯具、烟感器、喷淋头、风口箅子等设备的位置应合理、美观,与饰面板的交接应吻合、严密。

检验方法：观察。

6.2.9 金属吊杆、龙骨的拉缝应均匀一致，角缝应吻合，表面应平整，无翘曲、锤印。木质吊杆、龙骨应顺直，无劈裂、变形。

检验方法：检查隐蔽工程验收记录和施工记录。

6.2.10 吊顶内填充吸声材料的品种和铺设厚度应符合设计要求，并应有防散落措施。

检验方法：检查隐蔽工程验收记录和施工记录。

6.2.11 暗龙骨吊顶工程安装的允许偏差和检验方法应符合表 6.2.11 的规定。

6.3 明龙骨吊顶工程

6.3.1 本节适用于以轻钢龙骨、铝合金龙骨、木龙骨等为骨架，以石膏板、金属板、矿棉板、塑料板、玻璃板或格栅等为饰面材料的明龙骨吊顶工程的质量验收。

主控项目

6.3.2 吊顶标记、尺寸、起拱和造型应符合设计要求。

检验方法：观察；尺量检查。

6.3.3 饰面材料的材质、品种、规格、图案和颜色应符合设计要求。当饰面材料为玻璃板时，应使用安全玻璃或采取可靠的安全措施。

检验方法：观察；检查产品合格证书、性能检测报告和进场验收记录。

6.3.4 饰面材料的安装应稳固严密。饰面材料与龙骨的搭接宽度应大于龙骨受力面宽度的 2/3。

检验方法：观察；手扳检查；尺量检查。

6.3.5 吊杆、龙骨的材质应进行表面防腐处理；木龙骨应进行防腐、防火处理。

检验方法：观察；尺量检查；检查产品证书、进场验收记录和隐蔽工程验收记录。

6.3.6 明龙骨吊顶工程的吊杆和龙骨安装必须牢固。

检验方法：手扳检查；检查隐蔽工程验收记录和施工记录。

一般项目

6.3.7 饰面材料表面应洁净、色泽一致，不得有翘曲、裂缝及缺损。饰面板与明龙骨的搭接应平整、吻合，压条应平直、宽窄一致。

检验方法：观察；尺量检查。

6.3.8 饰面板上的灯具、烟感器、喷淋头、风口算子等设备的位置应合理、美观，与饰面板的交接应吻合、严密。

检验方法：观察。

6.3.9 金属龙骨的接缝应平整、吻合、颜色一致，不得有划伤、擦伤等表面缺陷。木质龙骨应平整、顺直，无劈裂。

检验方法：观察。

6.3.10 吊顶内填充吸声材料的品种和铺设厚度应符合设计要求，并应有防散落措施。

检验方法：检查隐蔽工程验收记录和施工记录。

6.3.11 明龙骨吊顶工程安装的允许偏差和检验方法应符合表 6.3.11 的规定。

7 轻质隔墙工程

7.1 一般规定

7.1.1 本条适用于板材隔墙、骨架隔墙、活动隔墙、玻璃隔墙等分项工程的质量验收。

7.1.2 轻质隔墙工程验收时应检查下列文件和记录：

1 轻质隔墙工程的施工图、设计说明及其他设计文件。

2 材料的产品合格证书、性能检测报告、进场验收记录和复验报告。

3 隐蔽工程验收记录。

4 施工记录。

7.1.3 轻质隔墙工程应对人造木板的甲醛含量进行复验。

7.1.4 轻质隔墙工程应对下列隐蔽工程项目进行验收：

1 骨架隔墙中设备管线的安装及水管试压。

2 木龙骨防火、防腐处理。

3 预埋件或拉结筋。

4 龙骨安装。

5 填充材料的设置。

7.1.5 各分项工程的检验批应按下列规定划分：

同一品种的轻质工程每 50 间(大面各房间和走廊按轻质隔墙的墙面 30m² 为一间)应划分为一个检验批，不足 50 间也应划分为一个检验批。

7.1.6 轻质隔墙与顶棚和其他墙体的交接处采取防开裂措施。

7.1.7 民用建筑轻质隔墙工程的隔声性能应符合现行国家标准《民用建筑隔声设计规范》(GBJ 118)的规定。

7.2 板材隔墙工程

7.2.1 本节适用于复合轻质墙板、石膏空心板、顶制或现制和钢丝网水泥板等板材隔墙工程的质量验收。

7.2.2 板材墙工程的检查数量应符合下列规定：

每个检验批应至少抽查 10%，并不得少于 3 间;不足 3 间时应全数检查。

主控项目

7.2.3 隔墙板材的品种、规格、性能、颜色应符合设计要求。有隔声、隔热、阻燃、防潮等特殊要求的工程,板材应有相应性能等级的检测报告。

检验方法:观察;检查产品合格证书、进场验收记录和性能检测报告。

7.2.4 安装隔墙板材所需预埋件、连接件的位置、数量及连接方法应符合设计要求。

检查方法:观察;尺量检查;检查隐蔽工程验收记录。

7.2.5 隔墙板材安装必须牢固。现制钢丝网水泥隔墙与周边墙体的连接方法应符合设计要求,并应连接牢固。

检验方法:观察;手扳检查。

7.2.6 隔墙板材所用接缝材料的品种及接缝方法应符合设计要求。

检验方法:观察;检查产品合格证书和施工记录。

一般记录

7.2.7 隔墙板材安装应垂直、平整、位置正确,板材不应有裂缝或缺损。

检验方法:观察;尺量检查。

7.2.8 板材隔墙表面应平整光滑、色泽一致、洁净、接缝应均匀、顺直。

检验方法:观察;手摸检查。

7.2.9 隔墙上的孔洞、槽、盒应位置正确、套割方正、边缘整齐。

检验方法:观察。

7.2.10　板材隔墙安装的允许偏差和检验方法应符合表 7.2.10 的规定。

7.3　骨架隔墙工程

7.3.1　本节适用于以轻钢龙骨、木龙骨等为骨架,以纸面石膏板、人造木板、水泥纤维板等为墙面板的隔墙工程的质量验收。

说明:

7.3.1　骨架隔墙是指在隔墙龙骨两侧安装墙面板以形成墙体的轻质隔墙。这一类隔墙主要是由龙骨作为受力骨架固定于建筑主体结构上。目前大量应用的轻钢龙骨石膏板隔墙就是典型的骨架隔墙。龙骨骨架中根据隔声或保温设计要求可以设置填充材料,根据设备安装要求安装一些设备管线等。龙骨常见的有轻钢龙骨系列、其他金属龙骨以及木龙骨。墙面板常见的纸面石膏板、人造木板、防火板、金属板、水泥纤维板以及塑料板等。

7.3.2　骨架隔墙工程的检查数量应符合下列规定:

每个检验批应至少抽查 10%,并不得少于 3 间;不足 3 间时应全数检查。

主控项目

7.3.3　骨架隔墙所用龙骨、配件、墙面板、填充材料及嵌缝材料的品种、规格、性能和木材的含水率应符合设计要求。有隔声、隔热、阻燃、防潮等特殊要求的工程,材料应有相应性能等级的检测报告。

检验方法:观察;检查产品合格证书、进场验收记录、性能检测报告和复验报告。

7.3.4　骨架隔墙工程边框龙骨必须与基体结构连接牢固,并应平整、垂直、位置正确。

检验方法:手扳检查;尺量检查;检查隐蔽工程验收记录。

说明:

7.3.4　龙骨体系沿地面、顶棚设置的龙骨及边框龙骨,是隔墙与主体结构之间重要的传力构件,要求这些龙骨必须与基体结构连接牢固,垂直和平整,交接处平直,位置准确。由于这是骨架隔墙施工质量的关键部位,故应作为隐蔽工程项目加以验收。

7.3.5　骨架隔墙中龙骨间距和构造连接方法应符合设计要求。骨架内设备管线的安装、门窗洞口等部位加强龙骨应安装牢固、位置正确,填充材料的设置应符合设计要求。

检验方法:检查隐蔽工程验收记录。

7.3.6　木龙骨及木墙面板的防火和防腐处理必须符合设计要求。

检验方法:检查隐蔽工程验收记录。

7.3.7　骨架隔墙的墙面板应安装牢固,无脱层、翘曲、折裂及缺损。

检验方法:观察;手扳检查。

7.3.8　墙面板所用接缝材料的接缝方法应符合设计要求。

检验方法:观察。

一般项目

7.3.9　骨架隔墙表面应平整光滑、色泽一致、洁净、无裂缝,接缝应均匀、顺直。

检验方法:观察;手摸检查。

7.3.10　骨架隔墙上的孔洞、槽、盒应位置正确、套割吻合、边缘整齐。

检验方法:观察。

7.3.11　骨架隔墙内的填充材料应干燥,填充应密实、均匀、无下坠。

检验方法:轻敲检查;检查隐蔽工程验收记录。

7.3.12 骨架隔墙安装的允许偏差和检验方法应符合表 7.3.12 的规定。

7.4 活动隔墙工程

7.4.1 本节适用于各种活动隔墙工程的质量验收。

说明：

7.4.1 活动隔墙是指推拉式活动隔墙、可拆装的活动隔墙等。这一类隔墙大多使用成品板材及其金属框架、附件在现场组装而成，金属框架及饰面板一般不需再作饰面层。也有一些活动隔墙不需要金属框架，完全是使用半成品板材现场加工制作成活动隔墙。这都属于本节验收范围。

7.4.2 活动隔墙工程的检查数量应符合下列规定：

每个检验批应至少抽查 20%，并不得少于 6 间；不足 6 间时应全数检查。

说明：

7.4.2 活动隔墙在大空间多功能厅室中经常使用，由于这类内隔墙是重复及动态使用，必须保证使用的安全性和灵活性。因此，每个检验批抽查的比例有所增加。

主控项目

7.4.3 活动隔墙所用墙板、配件等材料的品种、规格、性能和木材的含水率应符合设计要求。有阻燃、防潮等特性要求的工程，材料应有相应性能等级的检测报告。

检验方法：观察；检查产品合格证书、进场验收记录、性能检测报告和复验报告。

7.4.4 活动隔墙轨道必须与基体结构连接牢固，并应位置正确。

检验方法：尺量检查；手扳检查。

7.4.5 活动隔墙用于组装、推拉和制动的构配件必须安装牢固、位置正确，推拉必须安全、平稳、灵活。

检验方法：尺量检查；手扳检查；推拉检查。

说明：

7.4.5 推拉式活动隔墙在使用过程中，经常会由于滑轨推拉制动装置的质量问题而使得推拉使用不灵活，这是一个带有普遍性的质量问题，本条规定了要进行推拉开启检查，应该推拉平稳、灵活。

7.4.6 活动隔墙制作方法、组合方式应符合设计要求。

检验方法：观察。

一般项目

7.4.7 活动隔墙表面色泽一致、平整光滑、洁净，线条应顺直、清晰。

检验方法：观察；手摸检查。

7.4.8 活动隔墙上的孔洞、槽、盒应位置正确，套割吻合、边缘整齐。

检验方法：观察；尺量检查。

7.4.9 活动隔墙推拉应无噪声。

检验方法：推拉检查。

7.4.10 活动隔墙安装的允许偏差和检验方法应符合表 7.4.10 的规定。

7.5 玻璃隔墙工程

7.5.1 本节适用于玻璃砖、玻璃板隔墙工程的质量验收。

说明：

7.5.1 近年来，装饰装修工程中用钢化玻璃作内隔墙、用玻璃砖砌筑内隔墙日益增多，为适应这类隔墙工程的质量验收,特制定本节内容。

7.5.2 玻璃墙工程的检查数量应符合下列规定:

每个检验批应至少抽查 20%,并不得少于 6 间;不足 6 间时应全数检查。

说明:

7.5.2 玻璃隔墙或玻璃砖砌筑隔墙在轻质隔墙中用量一般不是很大,但是有些玻璃隔墙的单块玻璃面积比较大,其安全性就很突出,因此,要对涉及安全性的部位和节点进行检查,而且每个检验批抽查的比例也有所提高。

主控项目

7.5.3 玻璃隔墙工程所用材料的品种、规格、性能、图案和颜色应符合设计要求。玻璃板隔墙应使用安全玻璃。

检验方法:观察;检查产品合格证书、进场验收记录和性能检测报告。

7.5.4 玻璃砖隔墙的砌筑或玻璃板隔墙的安装方法应符合设计要求。

检验方法:观察。

7.5.5 玻璃砖隔墙砌筑中埋设的拉结筋必须与基体结构连接牢固,并应位置正确。

检验方法:手扳检查;尺量检查;检查隐蔽工程验收记录。

说明:

7.5.5 玻璃砖砌筑隔墙中应埋设拉结筋,拉结筋要与建筑主体结构或受力杆件有可靠的连接;玻璃板隔墙的受力边也要与建筑主体结构或受力杆件有可靠的连接,以充分保证其整体稳定性,保证墙体的安全。

7.5.6 玻璃板隔墙的安装必须牢固。玻璃隔墙胶垫的安装应正确。

检验方法:观察;手推检查;检查施工记录。

一般项目

7.5.7 玻璃隔墙表面应色泽一致、平整洁净、清晰美观。

检验方法:观察。

7.5.8 玻璃隔墙接缝应横平竖直,玻璃应无裂痕、缺损和划痕。

检验方法:观察。

7.5.9 玻璃板隔墙嵌缝及玻璃砖隔墙勾缝应密实平整、均匀顺直、深浅一致。

检验方法:观察。

7.5.10 玻璃隔墙安装的允许偏差和检验方法应符合表 7.5.10 的规定。

8 饰面板(砖)工程

8.1 一般规定

8.1.1 本章适用于饰面板安装、饰面砖粘贴等分项工程的质量验收。

说明:

8.1.1 饰面板工程采用的石材有花岗石、大理石、青石板和人造石材;采用的瓷板有抛光和磨边板两种,面积不大于 $1.2m^2$,不小于 $0.5m^2$;金属饰面板有钢板、铝板等品种;木材饰面板主要用于内墙裙。陶瓷面砖主要包括釉面瓷砖、外墙面砖、陶瓷锦砖、陶瓷壁画、劈裂砖等;玻璃面砖主要包括玻璃锦砖、彩色玻璃面砖、釉面玻璃等。

8.1.2 饰面板(砖)工程验收时应检查下列文件和记录:

1 饰面板(砖)工程的施工图、设计说明及其他设计文件。

2 材料的产品合格证书、性能检测报告、进场验收记录和复验报告。

3 后置埋件的现场拉拔检测报告。

4 外墙饰面砖样板件的粘结强度检测报告。

5 隐蔽工程验收记录。

6 施工记录。

8.1.3 饰面板(砖)工程应对下列材料及其性能指标进行复验:

1 室内用花岗石的放射性。

2 粘贴用水泥的凝结时间、安定性和抗压强度。

3 外墙陶瓷面砖的吸水率。

4 寒冷地区外墙陶瓷面砖的抗冻性。

说明:

8.1.3 本条仅规定对人身健康和结构安全有密切关系的材料指标进行复验。天然石材中花岗石的放射性超标的情况较多,故规定对室内用花岗石的放射性进行检测。

8.1.4 饰面板(砖)工程应对下列隐蔽工程项目进行验收:

1 预埋件(或后置埋件)。

2 连接节点。

3 防水层。

8.1.5 各分项工程的检验批应按下列规定划分:

1 相同材料、工艺和施工条件的室内饰面板(砖)工程每50间(大面积房间和走廊按施工面积 $30m^2$ 为一间)应划分为一个检验批,不足50间也应划分为一个检验批。

2 相同材料、工艺和施工条件的室外饰面板(砖)工程每 $500\sim1000m^2$ 应划分为一个检验批,不足 $500m^2$ 也应划分为一个检验批。

8.1.6 检查数量应符合下列规定:

1 室内每个检验批应至少抽查10%,并不得少于3间;不足3间时应全数检查。

2 室外每个检验批每 $100m^2$ 应至少抽查一处,每处不得小于 $10m^2$ 。

8.1.7 外墙饰面砖贴前和施工过程中,均应在相同基层上做样板件,并对样板件的饰面砖粘结强度进行检验,其检验方法和结果判定应符合《建筑工程饰面砖粘结强度检验标准》(JGJ110)的规定。

说明:

8.1.7 《外墙饰面砖工程施工及验收规程》(JGJ126—2000)中 6.0.6 条第 3 款规定:"外墙饰面砖工程,应进行粘结强度检验。其取样数量、检验方法、检验结果判定均应符合现行行业标准《建筑工程饰面砖粘结强度检验标准》(JGJ110)的规定。"由于该方法为破坏性检验,破损饰面砖不易复原,且检验操作有一定难度,在实际验收中较少采用。故本条规定在外墙饰面砖粘贴前和施工过程中均应制作样板件并做粘结强度试验。

8.1.8 饰面板(砖)工程的抗震缝、伸缩缝、沉降缝等部位的处理应保证缝的使用功能和饰面的完整性。

8.2 饰面板安装工程

8.2.1 本节适用于内墙饰面板安装工程和高度不大于 24m、抗震设防烈度不大于 7 度的外墙饰面板安装工程的质量验收。

主控项目

8.2.2 饰面板的品种、规格、颜色和性能应符合设计要求,木龙骨、木饰面板和塑料饰面板的燃烧性能等级应符合设计要求。

检验方法：观察；检查产品合格证书、进场验收记录和性能检测报告。

8.2.3　饰面板孔、槽的数量、位置和尺寸应符合设计要求。

检验方法：检查进场验收记录和施工记录。

8.2.4　饰面板安装工程的预埋件(或后置埋件)、连接件的数量、规格、位置、连接方法和防腐处理必须符合设计要求。后置埋件的现场拉拔强度必须符合设计要求。饰面板安装必须牢固。

检验方法：手扳检查；检查进场验收记录、现场拉拔检测报告、隐蔽工程验收记录和施工记录。

一般项目

8.2.5　饰面板表面应平整、洁净、色泽一致，无裂痕和缺损。石材表面应无泛碱等污染。

检验方法：观察。

8.2.6　饰面板嵌缝应密实、平直，宽度和深度应符合设计要求，嵌填材料色泽应一致。

检验方法：观察；尺量检查。

8.2.7　采用湿作业法施工的饰面板工程，石材应进行了碱背涂处理。饰面板与基体之间的灌注材料应饱满、密实。

检验方法：用小锤轻击检查；检查施工记录。

说明：

8.2.7　采用传统的湿作业法安装天然石材时，由于水泥砂浆在水化时析出大量的氢氧化钙，泛到石材表面，产生不规则的花斑，俗称泛碱现象，严重影响建筑物室内外石材饰面的装饰效果。因此，在天然石材安装前，应对石材饰面采用"防碱背涂剂"进行背涂处理。

8.2.8　饰面板上的孔洞应套割吻合，边缘应整齐。

检验方法：观察。

8.2.9　饰面板安装的允许偏差和检验方法应符合表 8.2.9 的规定。

8.3　饰面砖粘贴工程

8.3.1　本节适用于风墙饰面砖粘贴工程和高度不大于 100m、抗震设防烈度不大于 8 度、采用满粘法施工的外墙饰面砖粘贴工程的质量验收。

主控项目

8.3.2　饰面砖的品种、规格、图案颜色和性能应符合设计要求。

检验方法：观察；检查产品合格证书、进场验收记录、性能检测报告和复验报告。

8.3.3　饰面砖粘贴工程的找平、防水、粘结和勾缝材料及施工方法应符合设计要求及国家现行产品标准和工程技术标准的规定。

检验方法：检查产品合格证书、复验报告和隐蔽工程验收记录。

8.3.4　饰面砖粘贴必须牢固。

检验方法：检查样板件粘结强度检测报告和施工记录。

8.3.5　满粘法施工的饰面砖工程应无空鼓、裂缝。

检验方法：观察；用小锤轻击检查。

一般项目

8.3.6　饰面砖表面应平整、洁净、色泽一致，无裂痕和缺损。

检验方法：观察。

8.3.7 阴阳角处搭接方式、非整砖使用部位应符合设计要求。

检验方法:观察。

8.3.8 墙面突出物周围的饰面砖应整砖套割吻合,边缘应整齐。墙裙、贴脸突出墙面的厚度应一致。

检验方法:观察;尺量检查。

8.3.9 饰面砖接缝应平直、光滑,填嵌应连续、密实;宽度和深度应符合设计要求。

检验方法:观察;尺量检查。

8.3.10 有排水要求的部位应做滴水线(槽)。滴水线(槽)应顺直,流水坡向应正确,坡度应符合设计要求。

检验方法:观察;用水平尺检查。

8.3.11 饰面砖粘贴的允许偏差和检验方法应符合表 8.3.11 的规定。

9 幕墙工程(略)

家装一般不用(略)。

10 涂饰工程

10.1 一般规定

10.1.1 本章适用于水性涂料涂饰、溶剂型涂料涂饰、美术涂饰等分项工程的质量验收。

10.1.2 涂饰工程验收时应检查下列文件和记录:

1 涂饰工程的施工图、设计说明及其他设计文件。

2 材料的产品合格证书、性能检测报告和进场验收记录。

3 施工记录。

说明:

10.1.2 涂饰工程所选用的建筑涂料,其各项性能应符合下述产品标准的技术指标。

1《合成树脂乳液砂壁状建筑涂料》JG/T24

2《合成树脂乳液外墙涂料》GB/T9755

3《合成树脂乳液内墙涂料》GB/T9756

4《溶剂型外墙涂料》GB/T9757

5《复层建筑涂料》GB/T9779

6《外墙无机建筑涂料》JG/T25

7《饰面型防火涂料通用技术标准》GB12441

8《水泥地板用漆》HG/T2004

9《水溶性内墙涂料》JC/T423

10《多彩内墙涂料》JG/T003

11《聚氨酯清漆》HG2454

12《聚氨酯磁漆》HG/T2660

10.1.3 各分项工程的检验批应按下列规定划分:

1 室外涂饰工程每一栋楼的同类涂料涂饰的墙面每 500~1000m² 应划分为一个检验批,不足 500m² 也应划分为一个检验批。

2 室内涂饰工程同类涂料涂饰墙面每 50 间(大面积房间和走廊按涂饰面积 30m² 为一间)应划分为一个检验批,不足 50 间也应划分为一个检验批。

10.1.4 检查数量应符合下列规定:

1　室外涂饰工程每 100m² 应至少检查一处,每处不得小于 10m²。

2　室内涂饰工程每个检验应至少抽查 10%,并不得少于 3 间;不足 3 间时应全数检查。

10.1.5　涂饰工程的基层处理应符合下列要求:

1　新建筑物的混凝土或抹灰层基层在涂饰涂料前应涂刷抗碱封闭底漆。

2　旧墙面在涂饰涂料前应清除疏松的旧装修层,并涂刷界面剂。

3　混凝土或抹灰基层涂刷溶剂型涂料时,含水率不得大于 8%;涂刷乳液型涂料时,含水率不得大于 10%。木材基层的含水率不得大于 12%。

4　基层腻子应平整、坚实、牢固,无粉化、起皮和裂缝;内墙腻子的粘结强度应符合《建筑室内用腻子》(JG/T3049)的规定。

5　厨房、卫生间墙面必须使用耐水腻子。

说明:

10.1.5　不同类型的涂料对混凝土或抹灰基层含水率的要求不同,涂刷溶剂涂料时,参照国际一般做法规定为不大于 8%;涂刷乳液型涂料时,基层含水率控制在 10% 以下时装饰质量较好,同时,国内外建筑涂料产品标准对基层含水率的要求均在 10% 左右,故规定涂刷乳液型涂料时基层含水率不大于 10%。

10.1.6　水性涂料涂饰工程施工的环境温度应在 5~35℃之间。

10.1.7　涂饰工程应在涂层养护期满后进行质量验收。

10.2　水性涂料涂饰工程

10.2.1　本节适用于乳液型涂料、无机涂料、水溶性涂料等水性涂料涂饰工程的质量验收。

主控项目

10.2.2　水性涂料涂饰工程所用涂料的品种、型号和性能应符合设计要求。

检验方法:检查产品合格证书、性能检测报告和进场验收记录。

10.2.3　水性涂料涂饰工程的颜色、图案应符合设计要求。

检验方法:观察。

10.2.4　水性涂料涂饰工程应涂饰均匀、粘结牢固,不得漏涂、透底、起皮和掉粉。

检验方法:观察;手摸检查。

10.2.5　水性涂料涂饰工程的基层处理应符合本规范第 10.1.5 条的要求。

检验方法:观察;手摸检查;检查施工记录。

一般项目

10.2.6　薄涂料的涂饰质量和检验方法应符合表 10.2.6 的规定。

10.2.7　厚涂料的涂饰质量和检验方法应符合表 10.2.7 的规定。

10.2.8　复合涂料的涂饰质量和检验方法应符合表 10.2.8 的规定。

10.2.9　涂层与其他装修材料和设备衔接处应吻合,界面应清晰。

检验方法:观察。

10.3　溶剂型涂料涂饰工程

10.3.1　本节适用于丙烯酸酯涂料、聚氨酯丙烯酸涂料、有机硅丙烯酸涂料等溶剂型涂料涂饰工程的质量验收。

主控项目

10.3.2　溶剂型涂料涂饰工程所选用涂料的品种、型号和性能应符合设计要求。

检验方法:检查产品合格证书、性能检测报告和进场验收记录。

10.3.3 溶剂型涂料涂饰工程的颜色、光泽、图案应符合设计要求。

检验方法:观察。

10.3.4 溶剂型涂料涂饰工程应涂饰均匀、粘结牢固,不得漏涂、透底、起皮和反锈。

检验方法:观察;手摸检查。

10.3.5 溶剂型涂料涂饰工程的基层处理应符合本规范第10.2.5条的要求。

检验方法:观察;手摸检查;检查施工记录。

一般项目

10.3.6 色漆的涂饰质量和检验方法应符合表10.3.6的规定。

10.3.7 清漆的涂饰质量和检验方法应符合表10.3.7的规定。

10.3.8 涂层与其他装修材料和设备衔接处应吻合,界面应清晰。

检验方法:观察。

10.4 美术涂饰工程

10.4.1 本节适用于套色涂饰、滚花涂饰、仿花纹涂饰等室内外美术涂饰工程的质量验收。

主控项目

10.4.2 美术涂饰所用材料的品种、型号和性能应符合设计要求。

检验方法:观察;检查产品合格证书、性能检测报告和进场验收记录。

10.4.3 美术涂饰工程应涂饰均匀、粘结牢固,不得有漏涂、透底、起皮、掉粉和反锈。

检验方法:观察;手摸检查。

10.4.4 美术涂饰工程的基层处理应符合本规范第10.1.5条的要求。

检验方法:观察;手摸检查;检查施工记录。

10.4.5 美术涂饰的套色、花纹和图案应符合设计要求。

检验方法:观察。

一般项目

10.4.6 美术涂饰表面应洁净,不得有流坠现象。

检验方法:观察。

10.4.7 仿花纹涂饰的饰面应具有被模仿材料的纹理。

检验方法:观察。

10.4.8 套色涂饰的图案不得移位,纹理和轮廓应清晰。

检验方法:观察。

11 裱糊与软包工程

11.1 一般规定

11.1.1 本章适用于裱糊、软包等分项工程的质量验收。

说明:

11.1.1 软包工程包括带内衬软包及不带内衬软包两种。

11.1.2 裱糊与软包工程验收时应检查下列文件和记录:

1 裱糊与软包工程的施工图、设计说明及其他设计文件。

2 饰面材料的样板及确认文件。

3 材料的产品合格证书、性能检测报告、进场验收记录和复验报告。

4 施工记录。

11.1.3 各分项工程的检验批应按下列规定划分:

同一品种的裱糊或软包工程每 50 间(大面积房间和走廊按施工面积 30m² 为一间)应划分为一个检验批,不足 50 间也应划分为一个检验批。

11.1.4　检查数量应符合下列规定:

1　裱糊工程每个检验批应至少抽查 10%,并不得少于 3 间,不足 3 间时应全数检查。

2　软包工程每个检验批应至少抽查 20%,并不得少于 6 间,不足 6 间时应全数检查。

11.1.5　裱糊前,基层处理质量应达到下列要求:

1　新建筑物的混凝土或抹灰基层墙面在刮腻子前应涂刷抗碱封闭底漆。

2　旧墙面在裱糊前应清除疏松的旧装修层,并涂刷界面剂。

3　混凝土或抹灰基层含水率不得大于 8%;木材基层的含水率不得大于 12%。

4　基层腻子应平整、坚实、牢固,无粉化、起皮和裂缝;腻子的粘结强度应符合《建筑室内用腻子》(JG/T3049)N 型的规定。

5　基层表面平整度、立面垂直度及阴阳角方正应达到本规范第 4.2.11 条高级抹灰的要求。

6　基层表面颜色应一致。

7　裱糊前应用封闭底胶涂刷基层。

说明:

11.1.5　基层的质量与裱糊工程的质量有非常密切的关系;故作出本条规定。

1　新建筑物的混凝土抹灰基层如不涂刷抗碱封闭底漆,基层泛碱会导致裱糊后的壁纸变色。

2　旧墙面疏松的旧装修层如不清除,将会导致裱糊后的壁纸起鼓或脱落。清除后的墙面仍需达到裱糊对基层的要求。

3　基层含水率过大时,水蒸气会导致壁纸表面起鼓。

4　腻子与基层粘结不牢固,或出现粉化、起皮和裂缝,均会导致壁纸接缝处开裂,甚至脱落,影响裱糊质量。

5　抹灰工程的表面平整度、立面垂直度及阴阳角方正等质量均对裱糊质量影响很大,如其质量达不到高级抹灰的质量要求,将会造成裱糊时对花困难,并出现离缝和搭接现象,影响整体装饰效果,故抹灰质量应达到高级抹灰的要求。

6　如基层颜色不一致,裱糊后会导致壁纸表面发花,出现色差,特别是对遮蔽性较差的壁纸,这种现象将更严重。

7　底胶能防止腻子粉化,并防止基层吸水,为粘贴壁纸提供一个适宜的表面,还可使壁纸在对花、校正位置时易于滑动。

11.2　裱糊工程

11.2.1　本条适用于聚氯乙烯塑料壁纸、复合纸质壁纸、墙布等裱糊工程的质量验收。

主控项目

11.2.2　壁纸、墙布的种类、规格、图案、颜色和燃烧性能等级必须符合设计要求及国家现行标准的有关规定。

检验方法:观察;检查产品合格证书、进场验收记录和性能检测报告。

11.2.3　裱糊工程基层处理质量应符合本规范第 11.1.5 条的要求。

检验方法:观察;手摸检查;检查施工记录。

11.2.4　裱糊后各幅拼接应横平竖直,拼接处花纹、图案应吻合,不离缝,不搭接,不显拼缝。

检验方法：观察；拼缝检查距离墙面1.5m处正视。

11.2.5 壁纸、墙布应粘贴牢固，不得有漏贴、补贴、脱层、空鼓和翘边。

检验方法：观察；手摸检查。

一般项目

11.2.6 裱糊后的壁纸、墙布表面应平整，色泽一致，不得有波纹起伏、气泡、裂缝、皱折及斑污，斜视时应无胶痕。

检验方法：观察；手摸检查。

说明：

11.2.6 裱糊时，胶液极易从拼缝中挤出，如不及时擦去，胶液干后壁纸表面会产生亮带，影响装饰效果。

11.2.7 复合压花壁纸的压痕及发泡壁纸的发泡层应无损坏。

检验方法：观察。

11.2.8 壁纸、墙布与各种装饰线、设备线盒应交接严密。

检验方法：观察。

11.2.9 壁纸、墙布边缘应平直整齐，不得有纸毛、飞刺。

检验方法：观察。

11.2.10 壁纸、墙布阴角处搭接应顺光，阳角处应无接缝。

检验方法：观察。

说明：

11.2.10 裱糊时，阴阳角均不能有对接缝，如有对接缝极易开胶、破裂，且接缝明显，影响装饰效果。阳角处应包角压实，阴角处应顺光搭接，这样可使拼缝看起来不明显。

11.3 软包工程

11.3.1 本节适用于墙面、门等软包工程的质量验收。

主控项目

11.3.2 软包面料、内衬材料及边框的材质、颜色、图案、燃烧性能等级和木材的含水率应符合设计要求及国家现行标准的有关规定。

说明：

11.3.2 木材含水率太高，在施工后的干燥过程中，会导致木材翘曲、开裂、变形，直接影响到工程质量。故应对其含水率进行进场验收。

检验方法：观察；检查产品合格证书、进场验收记录和性能检测报告。

11.3.3 软包工程的安装位置及构造做法应符合设计要求。

检验方法：观察；尺量检查；检查施工记录。

11.3.4 软包工程的龙骨、衬板、边框应安装牢固，无翘曲，拼缝应平直。

检验方法：观察；手扳检查。

11.3.5 单块软包面料不应有接缝，四周应绷压严密。

检验方法：观察；手摸检查。

说明：

11.3.5 如不绷压严密，经过一段时间，软包面料会因失去张力而出现下垂及皱折；单块软包上的面料的本色，其色泽和木纹如相差较大，均会影响到装饰效果，故制定此条。

一般项目

11.3.6　软包工程表面应平整、洁净,无凹凸不平及皱折;图案应清晰、无色差,整体应协调美观。

检验方法:观察。

11.3.7　软包边框应平整、顺直、接缝吻合。其表面涂饰质量应符合本规范第 10 章的有关规定。

检验方法:观察;手摸检查。

11.3.8　清漆涂饰木制边框的颜色、木纹应协调一致。

检验方法:观察。

11.3.9　软包工程安装的允许偏差和检验方法应符合表 11.3.9 的规定。

12　细部工程

12.1　一般规定

12.1.1　本章适用于下列要项工程的质量验收:

1　橱柜制作与安装。

2　窗帘盒、窗台板、散热器罩制作与安装。

3　门窗套制作与安装。

4　护栏和扶手制作与安装。

5　花饰制作与安装。

说明:

12.1.1　橱柜、窗帘盒、窗台板、散热器罩、门窗套、护栏、扶手、花饰等制作与安装在建筑装饰装修工程中的比重越来越大。国家标准《建筑工程质量检验评定标准》(GBJ301—88)第十一章第十节“细木制品工程”的内容已经不能满足新材料、新技术的发展要求,故本章不限定材料的种类,以利于创新和提高装饰装修水平。

12.1.2　细部工程验收时应检查下列文件和记录:

1　施工图、设计说明及其他设计文件。

2　材料的产品合格证书、性能检测报告、进场验收记录和复验报告。

3　隐蔽工程验收记录。

4　施工记录。

说明:

12.1.2　验收时检查施工图、设计说明及其他设计文件,有利于强化设计的重要性,为验收提供依据,避免口头协议造成扯皮。材料进场验收、复验、隐蔽工程验收、施工记录是施工过程控制的重要内容,是工程质量的保证。

12.1.3　细部工程应对人造木板的甲醛含量进行复验。

说明:

12.1.3　人造木板的甲醛含量过高会污染室内环境,进行复验有利于核查是否符合要求。

12.1.4　细部工程应对下列部位进行隐蔽工程验收:

1　预埋件(或后置埋件)。

2　护栏与预埋件的连接节点。

12.1.5　各分项工程的检验批应按下列规定划分:

1　同类制品每 50 间(处)应划分为一个检验批,不足 50 间(处)也应划分为一个检验批。

2 每部楼梯应划分为一个检验批。

12.2 橱柜制作与安装工程

12.2.1 本节适用于位置固定的壁柜、吊柜等橱柜制作与安装工程的质量验收。

说明：

12.2.1 本条适用于位置固定的壁柜、吊柜等橱柜制作、安装工程的质量验收。不包括移动式橱柜和家具的质量验收。

12.2.2 检查数量应符合下列规定：

每个检验批至少抽查 3 间(处)，不足 3 间(处)时应全数检查。

主控项目

12.2.3 橱柜制作与安装所用材料的材质和规格、木材的燃烧性能等级和含水率、花岗石的放射性及人造木板的甲醛含量应符合设计要求及国家现行标准的有关规定。

检验方法：观察；检查产品合格证书、进场验收记录、性能检测报告和复验报告。

12.2.4 橱柜安装预埋件或后置埋件的数量、规格、位置应符合设计要求。

检验方法：检查隐蔽工程验收记录和施工记录。

12.2.5 橱柜的造型、尺寸、安装位置、制作和固定方法应符合设计要求。橱柜安装必须牢固。

检验方法：观察；尺量检查；手扳检查。

12.2.6 橱柜配件的品种、规格应符合设计要求。配件应齐全，安装应牢固。

检验方法：观察；手扳检查；检查进场验收记录。

12.2.7 橱柜的抽屉和柜门应开关灵活、回位正确。

检验方法：观察；开启和关闭检查。

说明：

12.2.7 橱柜抽屉、柜门开闭频繁，应灵活、回位正确。

一般项目

12.2.8 橱柜表面应平整、洁净、色泽一致，不得有裂缝、翘曲及损坏。

检验方法：观察。

12.2.9 橱柜裁口应顺直、拼缝应严密。

检验方法：观察。

12.2.10 橱柜安装的允许偏差和检验方法应符合表 12.2.10 的规定。

说明：

12.2.10 橱柜安装允许偏差指标是参考北京市标准《高级建筑装饰工程质量检验评定标准》(DBJ 01—27—96)第 7.6 条"高档固定家具"制定的。

12.3 窗帘盒、窗台板和散热器罩制作与安装工程

12.3.1 本节适用于窗帘盒、窗台板和散热器罩制作与安装工程的质量验收。

说明：

12.3.1 本条适用于窗帘盒、散热器罩和窗台板制作、安装工程的质量验收。窗帘盒有木材、塑料、金属等多种材料做法，散热器罩以木材为主，窗台板有木材、天然石材、水磨石等多种材料做法。

12.3.2 检查数量应符合下列规定：

每个检验批应至少抽查 3 间(处)，不足 3 间(处)时应全数检查。

主控项目

12.3.3 窗帘盒、窗台板和散热器罩制作与安装所使用材料的材质的规格、木材的燃烧性能等级和含水率、花岗石的放射性及人造木板的甲醛含量应符合设计要求及国家现行标准的有关规定。

检验方法:观察;检查产品合格证书、进场验收记录、性能检测报告和复验报告。

12.3.4 窗帘盒、窗台板和散热器罩的造型、规格、尺寸、安装位置和固定方法必须符合设计要求。窗帘盒、窗台板和散热器罩的安装必须牢固。

检验方法:观察;尺量检查;手扳检查。

12.3.5 窗帘盒配件的品种、规格应符合设计要求,安装应牢固。

检验方法:手扳检查;检查进场验收记录。

一般项目

12.3.6 窗帘盒、窗台板和散热器罩表面应平整、洁净、线条顺直、接缝严密、色泽一致,不得有裂缝、翘曲及损坏。

检验方法:观察。

12.3.7 窗帘盒、窗台板和散热器罩与墙、窗框的衔接应严密,密封胶缝应顺直、光滑。

检验方法:观察。

12.3.8 窗帘盒、窗台板和散热器罩安装的允许偏差和检验方法应符合表 12.3.8 的规定。

12.4 门窗套制作与安装工程

12.4.1 本节适用于门窗套制作与安装工程的质量验收。

12.4.2 检查数量应符合下列规定:

每个检验批应至少抽查 3 间(处),不足 3 间(处)时应全数检查。

主控项目

12.4.3 门窗套制作与安装所使用材料的材质、规格、花纹和颜色、木材的燃烧性能等级和含水率、花岗石的放射性及人造木板的甲醛含量应符合设计要求及国家现行标准的有关规定。

检验方法:观察;检查产品合格证书、进场验收记录、性能检测报告和复验报告。

12.4.4 门窗套的造型、尺寸和固定方法应符合设计要求,安装应牢固。

检验方法:观察;尺量检查;手扳检查。

一般项目

12.4.5 门窗套表面应平整、洁净、线条顺直、接缝严密、色泽一致,不得有裂缝、翘曲及损坏。

检验方法:观察。

12.4.6 门窗套安装的允许偏差和检验方法应符合表 12.4.6 的规定。

12.5 护栏和扶手制作与安装工程

12.5.1 本节适用于护栏和扶手制作与安装工程的质量验收。

12.5.2 检查数量应符合下列规定:

每个检验批的护栏和扶手应全部检查。

说明:

12.5.2 护栏和扶手安全性十分重要,故每个检验批的护栏和扶手全部检查。

主控项目

12.5.3 护栏和扶手制作与安装所使用材料的材质、规格、数量和木材、塑料的燃烧性能等级应符合设计要求。

检验方法:观察;检查产品合格证书、进场验收记录和性能检测报告。

12.5.4 护栏和扶手的造型、尺寸及安装位置应符合设计要求。

检验方法:观察;尺量检查;检查进场验收记录。

12.5.5 护栏和扶手安装预埋件的数量、规格、位置以及护栏与预埋件的连接节点应符合设计要求。

检验方法:检查隐蔽工程验收记录和施工记录。

12.5.6 护栏高度、栏杆间距、安装位置必须符合设计要求。护栏安装必须牢固。

检验方法:观察;尺量检查;手扳检查。

12.5.7 护栏玻璃应使用公称厚度不小于12mm的钢化玻璃或钢化夹层玻璃。当护栏一侧距楼地面高度为5m及以上时,应使用钢化夹层玻璃。

检验方法:观察;尺量检查;检查产品合格证书和进场验收记录。

一般项目

12.5.8 护栏和扶手转角弧度应符合设计要求,接缝应严密,表面应光滑,色泽应一致,不得有裂缝、翘曲及损坏。

检验方法:观察;手摸检查。

12.5.9 护栏和扶手安装的允许偏差和检验方法应符合表12.5.9的规定。

12.6 花饰制作与安装工程

12.6.1 本节适用于混凝土、石材、木材、塑料、金属、玻璃、石膏等花饰安装工程的质量验收。

12.6.2 检查数量应符合下列规定:

1 室外每个检验批全部检查。

2 室内每个检验批应至少抽查3间(处);不足3间(处)时应全数检查。

主控项目

12.6.3 花饰制作与安装所使用材料的材质、规格应符合设计要求。

检验方法:观察;检查产品合格证书和进场验收记录。

12.6.4 花饰的造型、尺寸应符合设计要求。

检验方法:观察;尺量检查。

12.6.5 花饰的安装位置和固定方法必须符合设计要求,安装必须牢固。

检验方法:观察;尺量检查;手扳检查。

一般项目

12.6.6 花饰表面应洁净,接缝应严密吻合,不得有歪斜、裂缝、翘曲及损坏。

检验方法:观察。

12.6.7 花饰安装的允许偏差和检验方法应符合表12.6.7的规定。

13 分部工程质量验收

13.0.1 建筑装饰装修工程质量验收程序和组织应符合《建筑工程施工质量验收统一标准》(GB50300—2001)第6章的规定。

13.0.2 建筑装饰装修工程的子分部工程及其要项工程应按本规范附录B划分。

说明:

13.0.2 本规范附录B列出了建筑装饰装修工程中十个子分部工程及其三十三个分项工程的名称,本规范第四章到第十二章分别对前九个子分部工程的施工质量提出要求。每章第

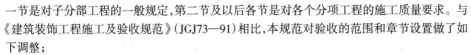

一节是对子分部工程的一般规定,第二节及以后各节是对各个分项工程的施工质量要求。与《建筑装饰工程施工及验收规范》(JGJ73—91)相比,本规范对验收的范围和章节设置做了如下调整:

1 "门窗工程"增加了木门窗制作与安装的特种门安装;

2 将"玻璃工程"的内容分别并入相关的"门窗工程"和"轻质隔离墙工程";

3 "裱糊工程"扩充为"裱糊和软包工程";

4 删去了"刷浆工程";

5 "花饰工程"扩充为"细部工程";

6 增加了"幕墙工程"。

13.0.3 建筑装饰装修工程施工过程中,应按本规范各章一般规定的要求对隐蔽工程进行验收,并按本规范附录C的格式记录。

13.0.4 检验批的质量验收应按《建筑工程施工质量验收统一标准》(GB50300—2001)附录D的格式记录。检验批的合格判定应符合下列规定:

1 抽查样本均应符合本规范主控项目的规定。

2 抽查样本的80%以上应符合本规范一般项目的规定。其余样本不得有影响使用功能或明显影响装饰效果的缺陷,其中有允许偏差的检验项目,其最大偏差不得超过本规范规定允许偏差的1.5倍。

说明:

13.0.4 本规范是决定装饰装修工程是否能够交付使用的质量验收规范,因此只有一个合格标准。在把握这个合格标准的松严程度时,编制组综合考虑了安全的需要、装饰效果的需要、技术的发展和目前施工的整体水平。本规范将涉及安全、健康、环保及主要使用功能方面的要求列为"主控项目"。"一般项目"大部分为外观质量要求,不涉及使用安全。考虑到目前我国装饰装修施工水平参差不齐,而某些外观质量问题返工成本高、效果不理想,故允许有20%以下的抽查样本存在既不影响使用功能也不明显影响装饰效果的缺陷,但是其中有允许偏差的检验项目,其最大偏差不得超过本规范规定允许偏差的1.5倍。

13.0.5 分项工程的质量验收应按《建筑工程施工质量验收统一标准》(GB50300—2001)附录E的格式记录,各检验批的质量均应达到本规范的规定。

13.0.6 子分部工程的质量验收应按《建筑工程施工质量验收统一标准》(GB50300—2001)附录F的格式记录。子分部工程中各分项工程的质量均应验收合格,并应符合下列规定:

1 应具备本规范各子分部工程规定检查的文件和记录。

2 应具备表13.0.6所规定的有关安全和功能检测项目的合格报告。

3 观感质量应符合本规范各项工程中一般项目的要求。

13.0.7 分部工程的质量验收应按《建筑工程施工质量验收统一标准》(GB50300—2001)附录F的格式记录。分部工程中各子分部工程的质量均应验收合格,并应按本规范第13.0.6条1至3款的规定进行核查。

当建筑工程只有装饰装修分部工程时,该工程应作为单位工程验收。

说明:

13.0.7 按照《建筑工程施工质量验收统一标准》(GB50300—2001)第5.0.5条的规定,分部工程验收和子分部工程验收均应按该标准附录F的格式记录。在进行装饰装修工程的子分部工程验收时,直接按照附录F的格式记录即可,但在进行装饰装修工程的分部工程验收时,应对附录 F 的格式稍加修改,"分项工程名称"应改为"子分部工程名称","检验批数"应改为"分项工程数"。

本条明确规定:分部工程中各子分部工程的质量均应验收合格。因此,进行分部工程验收时,应将子分部工程的验收结论进行汇总,不必再对子分部工程进行验收,但应对分部工程的质量控制资料(文件和记录)、安全和功能检验报告及观感质量进行核查。

13.0.8 有特殊要求的建筑装饰装修工程,竣工验收时应按合同约定加测相关技术指标。

说明:

13.0.8 有的建筑装饰装修工程除一般要求外,还会提出一些特殊的要求,如音乐厅、剧院、电影院、会堂等建筑对声学、光学有很高的要求;大型控制室、计算机房等建筑在屏蔽、绝缘方面需特别处理;一些实验室和车间有超净、防霉、防辐射等要求。为满足这些特殊要求,设计人员往往采用一些特殊的装饰装修材料和工艺。此类工程验收时,除执行本规范外,还应按设计对特殊要求进行检测和验收。

13.0.9 建筑装饰装修工程的室内环境质量应符合国家现行标准《民用建筑工程室内环境污染控制规范》(GB50325)的规定。

说明:

13.0.9 许多案例说明,如长期在空气污染严重,通风状况不良的室内居住或工作,会导致许多健康问题,轻者出现头痛、嗜睡、疲惫无力等症状;重者会导致支气管炎、癌症等疾病,此类病症被国际医学界统称为"建筑综合征"。而劣质建筑装饰装修材料散发出的有害气体是导致室内空气污染的主要原因。

近年来我国政府逐步加强了对室内环境问题的管理,并正在将有关内容纳入技术法规。《民用建筑工程室内环境污染控制规范》(GB50325)规定要对氡、甲醛、氨、苯及挥发性有机化合物进行控制,建筑装饰装修工程均应符合该规范的规定。

13.0.10 未经竣工验收合格的建筑装饰装修工程不得投入使用。

本规范用词用语说明

1 为了便于在执行本规范条文时区别对待,对要求严格程度不同的用词说明如下:

(1) 表示很严格,非这样做不可的用词:

正面词采用"必须",反面词采用"严禁";

(2) 表示严格,在正常情况下均应这样做的用词:

正面词采用"应",反面词采用"不应"或"不得";

(3) 表示允许稍有选择,在条件许可时首先应这样做的用词:

正面词采用"宜",反面词采用"不宜";表示有选择性,在一定条件下可以这样做的,采用"可"。

2 规范中指定应按其他有关标准、规范执行时,采用"可"。"应符合……的规定"或"应按……执行"。

参考文献

1. 韩国 PLUS 文化社 . 医疗空间 [M]. 永川,金载铉译 . 沈阳:辽宁科学技术出版社,2003.

2. 鹰冈竃一 . ボクの開業日記——齒科医院ができるまで [M]. 东京:医齿药出版株式会社, 2000,122-128.

3. 松江满之,伊藤日出男 . 成功する齒科医院経営マニュアル [M]. 东京:评言社,2002.

4. 于秦曦,司徒治,张建中,等 . 中国口腔社区服务、口腔诊室设计及安置 [J]. 当代医学, 2000,(8):46-47.

5. 张宁宁,王庆 . 社区口腔诊所的审美装潢设计初探 [J]. 中国美容医学,2001,10(2):172- 173.

6. 韩国产业图书出版公社编 . 医院与诊所室内设计 [M]. 金卫华译 . 杭州:浙江科学技术出 版社,2004.

7. 深圳市金版文化发展有限公司主编 . 美容、医疗空间 [M]. 西安:陕西旅游出版社,2005.

8. Jain Malkin. Medical and Dental Space Planning [M]. 3rd Edition. John Wiley & Sons, Inc. 2002.

9. (美)杰恩·马尔金 . 医疗和口腔诊所空间设计手册 [M]. 大连:大连理工大学出版社,2005.

10. 颜培德 . 口腔诊所中消毒室的设计要求 [J]. 口腔设备及材料,2004,(1):101-102.

11. 李刚 . 儿童牙科诊室美学环境原理和效应 [J]. 医学与哲学,1993,(7):45.

12. Roger P Levin. 利用科技改进诊所 [J]. Dental Tribune(中国版),2004,(11-12):6.

13. 张志君编著 . 口腔设备学 [M]. 北京:北京医科大学 - 中国协和医科大学联合出版社, 1994,120-123.

14. 李刚主编 . 牙科诊所开业管理 [M]. 西安:第四军医大学出版社出版,2006.

15. Jesek WE. The decision and process of going digital in the dental office [J]. Dent Today,2005, 24(2):76,78-79.

16. Unthank M. Designing your office for technology [J]. J Am Dent Assoc,2004,135 Suppl:24S- 29S.

17. William A. Blatchford,DDS. Creating value by selling dreams [J]. APDN,2000,(July- September):32-34

18. Emling RC. Role analysis in the dental office [J]. Penn Dent J (Phila). 1983 Summer,84(2): 37-39.

19. Jesek WE. The decision and process of going digital in the dental office［J］. Dent Today. 2005, 24(2):76,78-79.

20. Unthank M. Designing your office for technology［J］. J Am Dent Assoc. 2004,135 Suppl:24S-29S.

21. Dugan DJ. Office design & construction［J］. Hawaii Dent J. 2002,33(4):10-13.

22. Kamada PT. Is the redesign of your dental office necessary?［J］J Hawaii Dent Assoc. 1983,14(2):13-14.

23. 于秦曦,邝泽洪,司徒治.塑造优秀的口腔诊所形象[J].中国口腔医学信息,2002,11(10):133-135.

24. 菲利普·莫伊,泽.诊所规划设计手册[M].沈阳:辽宁科学技术出版社,2010.

25. 武静,张丹枫.X射线牙科摄影防护屏的研制[J]. Chinese Medical Research & Clinical,2005,3(8):88.

26. 杨伟华.北京市海淀区牙科X射线机调查分析[J].中国辐射卫生,2006,15(3);333.

27. 李新春.口腔工艺设备[M].北京:人民卫生出版社,2008.

28. 伍倚明,欧尧.常用牙科治疗设备的种类与标准[J].广东科技,2009,(6);70-74.

29. 范宝林,左志强,张长江,等.北大口腔医院新门诊大楼制作口腔边台研究[J].中国医学装备,2007,4(12):27-30.

30. 俞平.第四军医大学口腔医院医疗大楼结构设计[J].土建公用,2003,(1):25-29.

31. 邵庆东,韩晟,彭红波.口腔医院门诊医生工作站的设计与应用[J].中国数字医学,2008,3(2):28-30.

32. 王林,杨建荣,于志平,等.新时期牙科诊所的构建初探[J].口腔医学,2003,23(1):63-64.